顾及要素特征的
层次增量矢量网络传输研究

王刚 著

Incremental Hierachical Network Transimission of
Vector Data Considering Feature Characteristics

WUHAN UNIVERSITY PRESS
武汉大学出版社

图书在版编目(CIP)数据

顾及要素特征的层次增量矢量网络传输研究/王刚著. —武汉:武汉大学出版社,2018.7
　ISBN 978-7-307-20357-0

　Ⅰ.顾…　　Ⅱ.王…　　Ⅲ.数据传输技术—研究　　Ⅳ.TN919.3

中国版本图书馆 CIP 数据核字(2018)第 162403 号

责任编辑:鲍　玲　　　责任校对:李孟潇　　　版式设计:汪冰滢

出版发行:**武汉大学出版社**　　(430072　武昌　珞珈山)
　　　　　(电子邮件:cbs22@whu.edu.cn　网址:www.wdp.com.cn)
印刷:北京虎彩文化传播有限公司
开本:720×1000　　1/16　　印张:9.25　　字数:166 千字　　插页:1
版次:2018 年 7 月第 1 版　　2018 年 7 月第 1 次印刷
ISBN 978-7-307-20357-0　　　定价:36.00 元

前　言

随着互联网软硬环境建设的不断发展，互联网因其固有的分布式特征已逐步成为数据发布、数据共享、分布式计算的平台，借助于互联网这一广阔的信息传输平台，GIS 应用领域得到了更大程度的拓展，在网络技术、多媒体技术、空间信息技术等的推动下，WebGIS 技术得到了更深层次的发展与应用。

在 GIS 应用中主要存在矢量数据与栅格数据两类数据。矢量数据因其数据结构紧凑、冗余度低，有利于网络和检索分析，图形显示质量好，精度高等优点而得到广泛的应用，而栅格数据则凭借着数据结构简单，便于空间分析和地表模拟，现势性较强等优势目前在国土监测、灾害分析、环境监测等方面发挥着重要的作用。

目前，由于矢量数据应用的广泛性和实用性，矢量数据成为空间信息化建设的基石。同时，也因为针对不同的应用需求，各种 GIS 软件商对数据结构和模型采用不同的设计理念，使得矢量数据的数据结构呈现出多样性和复杂性。但目前各种数据模型还不能很好地解决 WebGIS 中矢量数据的快速传输和客户端显示等问题。

随着 Web2.0 技术的发展与成熟，基于栅格数据下的高性能网络传输已经通过分块模型得到了基本的解决，使得以栅格图片格式为基础的 WebGIS 技术成熟起来，并投入到国家信息化建设的各个领域，但由于栅格数据自身所固有的缺陷，使得目前基于栅格图片技术建立的 WebGIS 使用受到了功能的限制。因此，基于矢量数据的 WebGIS 的研究与探索就成了目前关注的焦点话题之一。

本研究首先从 WebGIS 基本特征、实现的技术模式以及体系结构等方面详细介绍了 WebGIS 实现机制，从应用方面分析了各种 WebGIS 搭建方法的优势和不足，结合目前成熟的基于地图图片的 WebGIS 技术，通过实验分析了这种技术下数据组织模型、数据交互式传输以及数据展示等，同时也分析了当前采用矢量数据渐进式传输的数据组织思想、特点以及存在的问题。

其次，本研究从缓存的存储方式、服务器端缓存和客户端缓存等方面讨论了如何将这种技术应用到基于矢量数据的 WebGIS 中，从而最终减少数据的重复性传输；阐述了四叉树数据结构，提出了基于文件存储的线性四叉树构建方法，并讨论了同一等级和上下级之间的拓扑关系；同时结合矢量数据渐进式传输中用到的模型以及 WebGIS 的理论，采用以空间换时间的思想，提出了基于层次增量分块矢量模型的服务器端矢量数据组织模型，并给出了相应的矢量块的剪裁及文件命名存储等方法，同时也介绍了客户端的矢量块文件数据融合实现机制。

再次，本研究从与网络传输密切相关的矢量数据数据量入手，从数据压缩的基本原理和一般方法阐述了数据压缩的实质，从局部压缩思想和整体压缩思想两方面对矢量数据五种有损压缩算法进行了阐述与分析，考虑到以上压缩方法存在数据信息丢失的问题，本研究从基于统计模型和基于字典模型两方面阐述了霍夫曼编码、算术编码以及基于第一类字典编码、第二类字典编码的无损压缩算法，同时结合矢量数据特点、网络传输以及数据压缩，指出除了要建立一种合适的矢量数据模型外，还要在矢量数据传输前进行多种组合的压缩，并给出了矢量数据坐标几何压缩的方法以及基于 GZip 编码的网络压缩与传输的思路，从而减少了网络传输的矢量数据量；同时结合服务器端的矢量数据组织，提出了从控制刷新数据量，采取基于特征要素交互式传输和基于 Web Service 的交互式异步传输等方面的传输策略来提高矢量数据的传输效率，最终达到提高用户体验感的目的。

本研究最后通过实验从网络传输数据量、传输时间以及客户端数据显示与编辑等方面对前面叙述的数据压缩、缓存技术运用、传输策略以及数据融合等进行验证，同时也指出以上方式存在的问题。

目　　录

第一章 绪 论

地理信息系统(Geographic Information System),简称为 GIS,是一种特定而又十分重要的空间信息系统,它是以采集、存储、管理、分析和描述整个或部分地球表面(包括大气层在内)与空间和地理分布有关的数据的空间信息系统[1]。

就地理信息系统概念而言,我们可以从两个方面来理解:首先,它是用来表达、描述、分析、存储和输出空间信息理论与方法的一门新的交叉学科;其次,它可以理解为一个技术系统,即一种依托地理模型分析方法,以地理空间数据库为基础,提供动态的和多种空间的地理信息,为研究并提供相关空间方面的决策服务的计算机技术系统[1]。

随着网络和通信技术的发展,互联网上的用户成几何级数增长,地图作为一种重要的空间信息表达方式被广泛地应用于互联网上。同时,由于城市的发展和人们的日常生产、生活与空间信息紧密相关,使得基于互联网上空间信息的应用与需求日益增大。目前,互联网软硬环境得到了很大程度的改进,这极大地推动了网络地理信息系统的发展,考虑到 GIS 数据量比较大,如何解决空间信息数据在互联网上的快速传输以及在客户端的快速显示,从而改善和加强网络地理信息系统与用户端的交互性是目前 WebGIS 发展亟需解决的问题。

1.1 问题的提出

人类在地球上的日常生产生活中,几乎有 80% 的信息和地理空间位置相关,空间信息在实际中的应用主要表现为地理空间定位和空间辅助决策。当前,随着网络软硬件技术的发展与成熟,互联网在全球范围内得到了高速的发展与广泛应用,这使得它成为当今最为高效快速的全球信息发布综合平台,借助它,全球范围内各个地方的人们都紧密联系在一起,不再受到地域上的限制。

互联网理论和技术方面的不断发展与完善,促使了它在各个学科领域上得到了广泛应用，同样，地理信息应用领域也不例外，这种技术改变了传统的桌面地理信息应用模式，搭建基于互联网上的地理信息系统——WebGIS，能够为全球范围内的用户提供空间数据浏览、查询和分析等功能，目前它已经成为GIS发展与应用的趋势，在空间信息领域，我们将WebGIS看作是互联网技术应用于GIS的产物[2]，GIS应用通过互联网技术得到了更为广泛的扩展与应用。

在GIS应用中主要存在两类数据的应用，分别为矢量数据与栅格数据。矢量数据因其数据结构紧凑、冗余度低，有利于网络和检索分析，图形显示质量好，精度高等优点而得到广泛的应用，而栅格数据则凭借着数据结构简单，便于空间分析和地表模拟，现势性较强等优势在目前国土监测、灾害分析、环境监测等方面发挥了重要的作用。

目前，随着栅格数据网络传输方面研究的深入，已经形成了一套基于地图预生成的处理技术，这种技术采用多级金字塔结构模型来切割各种不同的空间数据，从而在服务器上建立一套多级的地图图片库，而客户端则利用Ajax、JavaScript等新型Web技术与服务端进行数据交换，同时客户端采用图片缓存技术，从而避免图片的重复传输，减少了网络的传输量，使网络的负荷量大大降低，从而加快地图传输和显示。在此技术支持下，采用这种模式搭建的WebGIS地图服务网站或平台如雨后春笋般地成长并壮大起来，极大地促进了地理信息在社会各个方面的应用。

栅格数据的网络传输机制很好地解决了栅格数据网络传输和客户端地图快速显示问题，但由于客户端地图数据为栅格数据，使得GIS分析功能、数据编辑更新功能、地图图面动态配置、动态投影等一系列实用性的GIS功能无法实现。因此，采用矢量数据搭建WebGIS成为大家研究的焦点之一。由于矢量数据的数据量大，且结构复杂，如何解决矢量数据在网络上的快速传输与客户端的快速显示成为当前研究的重点和亟需解决的问题。

正是由于矢量数据应用的广泛性和实用性，矢量数据成为空间信息化建设的基石。同时，也因为针对不同的应用需求，各种GIS软件商对数据结构和模型采用不同的设计理念，使得矢量数据的数据结构呈现出多样性和复杂性。但目前的各种数据模型还不能很好地解决WebGIS中矢量数据的传输和客户端显示等问题。

结合目前Web 2.0技术、计算机技术以及相关GIS理论，研究适合WebGIS传输和显示的矢量数据空间模型，找出一条适合目前互联网环境下应用矢量数据的WebGIS理论和技术，具有重要的实际意义。

1.1.1 WebGIS 存在的问题

网络地理信息系统(WebGIS)是在网络环境下的一种集数据存储、数据处理和数据分析的地理信息计算机软件系统,它是在传统的 GIS 理论和技术的基础上发展起来的,与传统的 GIS 相比,WebGIS 具有以下特点:

①集成的全球化的客户/服务器网络系统。

网络地理信息系统由两个部分组成:服务器端和客户端。通过互联网来进行客户端与服务器之间的信息沟通,客户机通过网络向服务器发送请求分析工具、功能模块以及数据,服务器响应客户机的请求,并随后将结果通过网络传回给客户,或把分析功能工具和空间数据传送到客户端,以便客户使用。WebGIS 可借助互联网将地理信息传递到全球,即全球范围内任何地方的互联网用户都可以访问并运用网络地理信息系统服务器提供的各种空间信息服务,甚至还可以进行全球范围内的地理信息系统数据更新。

②分布式的服务体系结构。

网络地理信息系统技术可以通过互联网将地理数据和空间分析工具部署在不同地点多台计算机上,而这些计算机可通过网络连接。地理数据和分析工具是独立的组件和模块,用户可以随意从任何地方的网络访问这些数据及应用程序,不需要在本地计算机上安装和部署数据及应用程序。用户所需要做的只是把请求发送到服务器,服务器根据请求内容实时响应,把数据和分析工具模块传送给用户。

③跨平台特性。

尽管目前很多 WebGIS 的产品是基于某一操作系统开发出来的,但随着 Java 跨平台语言的不断发展,我们相信,未来的 WebGIS 应用一定可以做到"一次编写,到处运行"的状态,从而将 WebGIS 应用推向更高的层次。

④真正大众化的 GIS。

考虑到互联网访问的特点,只要服务器端搭建了基于空间信息的服务,并提供了相应的 WebGIS 的相关数据、功能等模块,全球范围内任何基于互联网连接的用户就可以使用这些 GIS 数据和相关功能,从而实现网络地理信息平台的大众化。

⑤与其他 Web 应用的无缝集成。

通过标准的网络协议和结构搭建的 WebGIS,为其在互联网的应用提供了极大的空间,这使得它与其他的信息服务管理平台进行无缝结合成为可能。

⑥高效的平衡计算负载。

　　传统的桌面 GIS 应用软件是在文件服务器结构基础上搭建起来的，这种结构下的客户端软件几乎能够响应并处理所有的 GIS 操作，效率比较低。而如果采用 WebGIS，则可以充分利用网络资源，把一些基础性、全局性的处理交给服务器去完成，将数据量较小的空间信息简单操作交给客户端完成。这种方式可以更好地寻求计算负荷和网络负载流量在服务器端与客户端之间合理分配。

　　这些优势和特征使 WebGIS 能很好地克服传统 GIS 的缺陷，逐渐成为 GIS 未来的发展趋势。但是，任何一项新技术在发展过程中，必将会面临各种各样的问题，地理信息技术经过近 40 年的发展，目前已经逐步成为信息技术的一个重要组成部分，WebGIS 应用更是进一步拓展它的应用领域，从而能够为更多的用户提供更为宽广领域的空间信息服务。在计算机软硬件技术、网络技术、多媒体技术等高速发展的今天，WebGIS 理论和技术也得到了极大的提高和改进，但就目前 WebGIS 的应用现状可以得知这项技术远未达到成熟，仍面临着一系列的理论和技术方面的瓶颈与挑战。

　　总的来说，可以归纳为如下几个方面[3,4]：

　　①多源、异构的空间数据的交换、共享以及互操作的实现。

　　这方面问题主要表现在两点：第一，由于各个 GIS 软件开发商有他们各自的数据标准和格式，如果我们要实现空间数据的共享，则需要进行数据的转换。然而，在数据转换中，由于缺乏统一描述的空间对象标准，往往出现转换后信息不完整或者丢失等现象。第二，由于管理和数据安全等方面的原因，大部分数据都是面向各个行业，依赖各自的支撑环境和平台，这个各自独立，相对封闭的状态，会形成一个个的"空间信息孤岛"。

　　②结构复杂的空间地理信息数据的查询和整合。

　　Html 和 JavaScript 是网页中最为广泛的语言，WebGIS 大多数也是依靠它们来进行信息传输和表达，但由于它们有采用的标记固定、有限、缺乏描述数据的内部结构和联系，而且不支持复杂的矢量图形等缺点，因此，在面对复杂的空间地理信息数据的查询和整合方面，这些语言在表述方面就显得力不从心。

　　③矢量图形信息的传输速度与可视化问题。

　　目前互联网下的网络带宽还比较低，海量的矢量图形数据的传输及图形的显示问题一直是 WebGIS 的技术发展的瓶颈。因此在当前的网络和硬件环境下，怎么建立快速的响应和传输机制，如何向用户提供多样化的、直观易懂的图形系统，是目前 WebGIS 应用发展的一大难题。

　　④分布式跨平台的实现问题。

由于 OMG 的 CORBA、微软的 DCOM 以及 SUN 的 RMI 等分布式对象技术要求处于一个同类的基本结构下，在需要服务的客户端和系统提供的服务之间进行耦合，因此基于这些平台开发的 WebGIS 平台带来了无法采用跨平台的分布式数据访问的问题。

1.1.2　矢量数据网络传输的产生

随着计算机软件技术的发展，桌面地理信息产品在技术上也日趋成熟，使得 GIS 的应用逐渐得到更为深入的推广。由于人类的各种活动都和空间信息息息相关，因此，各个国家、社会团体以及组织越来越关注地理信息在人类实际生产生活方面的研究与应用。在各种力量的推动下，桌面 GIS 在实际城市规划建设与社会经济发展中发挥了巨大的作用。

但是随着网络技术、无线通信技术以及计算机技术的发展，桌面 GIS 由于存在数据同步更新不及时、软件安装繁琐、互联网上不易共享以及前期开发投入成本高等缺点而日益引起各个领域的学者对 GIS 应用模式方面的研究的重视，设计并建设基于网络环境下的地理信息系统成为地理信息研究领域所关注的应用焦点。

研究网络地理信息系统搭建，首先遇到的就是如何解决空间数据在网络环境下的传输问题，研究空间数据的网络传输其实质就是研究栅格和矢量数据的网络传输。在目前的网络软硬环境下，如何快速高效地将服务器端的矢量数据或者栅格数据传输并显示到客户端是我们需要解决的关键问题之一。

1.1.3　研究问题的提出

网络地理信息经过 20 多年的发展，其理论和技术得到长足的提高和改进，它的应用领域越来越广泛，随着人们对网络地理信息应用的不断深入，从图形表现、数据更新以及空间分析功能等方面人们对这种技术的实现提出了更多、更高的要求。

地理信息系统中采用的空间数据模型有两类：矢量数据模型和栅格数据模型。目前，基于栅格数据的网络地理信息系统已经发展得相当成熟了，其原理就是采用瓦片金字塔模型的思想，通过矢量数据栅格化分块处理，从而建立不同比例尺下相同长和宽的地图图片库，然后借助网络技术，根据用户请求的地图范围，将相应的图片传递到客户端。通过这种方式，我们可以在目前的网络软硬环境下搭建出快速、高效、负载量大的基于栅格数据下的网络地理信息系统。

尽管基于地图图片的网络地理信息系统已经成熟，但采取这种方法搭建的网络地理信息系统也带来了诸多数据精度低、数据更新维护复杂且耗时长以及空间分析功能实现难等实际应用方面的问题，且在栅格数据环境下基本上无法解决这些问题，只能依赖于矢量数据，而对于矢量数据而言，尽管其精度高，与栅格数据相比尺寸小，但由于其结构复杂，这使得其在网络传输方面无法实现应用的需要。因此，如何在网络上高性能地传输矢量数据成为困扰矢量数据下网络地理信息系统应用的一个关键问题，而解决这一问题需要我们从服务器端矢量数据组织、矢量数据压缩与网络传输以及矢量数据客户端重构等方面去研究。

1.2 研究目的和意义

1.2.1 研究目的

根据目前基于网络地理信息系统建设和应用方面的情况进行分析，得出基于 Web 环境下的 GIS 应用是未来 GIS 发展与应用的主要方向。目前，尽管基于栅格图片的 WebGIS 技术已经相当成熟，并广泛地应用到国家空间信息化建设的各个领域，但由于栅格数据自身所固有的缺陷，使得基于栅格图片技术建立的 WebGIS 在实际应用中面临着诸多的问题。因此，基于矢量数据的 WebGIS 的研究与探索就成了目前关注的焦点话题之一。

本研究的目的在于将矢量数据的传输问题归结于服务器端数据的组织、矢量数据的网络传输以及客户端矢量数据的重构三个方面，并从数据组织方面入手，应用服务器端技术、网络传输技术以及数据压缩技术对矢量网络传输进行研究，从而希望从实际应用方面提供一种新的、更加实用的矢量数据网络传输思路，主要包括以下四个方面：

①从矢量数据传输的源数据考虑，也就是数据组织方面，通过对栅格图片网络传输的实验与分析，从以空间换时间的角度去寻求解决服务器端矢量数据组织的方式。

②网络传输效果与数据量密切相关，本研究从数据压缩与简化理论和算法的角度进行深入的研究，达到通过建立两步矢量数据无损压缩处理来进一步减少矢量数据的网络传输。

③随着缓存理论和技术的日益发展和成熟，这种技术在互联网上应用得非常广泛。因此，从服务器端缓存和客户端缓存两方面进行研究，从而减少矢量

数据的重复传输，提高应用效率；

④对提出的矢量数据层次增量模型进行实验，验证本研究所采用的数据组织方法、压缩简化方法以及缓存技术应用的有效性和实用性。

1.2.2   研究意义

通过实验研究瓦片金字塔栅格网络地理信息实现的机理，分析并获取其能快速、高效传输的原因，挖掘其所采用的关键性理论和技术，并结合矢量数据和栅格数据这两种数据模型的特点，采取以空间换时间的策略来加快矢量数据的网络传输，提出通过层次增量分块模型的方法搭建服务端矢量数据文件库，通过存储压缩简化的方法来减少分块矢量的数据量，通过 GZip 压缩算法（LZ77 与 Huffman 组合）来对矢量数据进行传输中的压缩，从而减少传输的数据量，借助于流的传输机制促进矢量数据快速地传输到客户端，同时，运用服务器端缓存和客户端缓存来减少矢量数据的反复传输，改善用户体验效果，最后通过融合机制在客户端完成矢量数据的融合与显示。

按照以上思路，通过对服务器端矢量数据组织、数据压缩、缓存与流传输等网络技术的运用，探求一种适合矢量网络传输的实现方式，以便在目前的 WebGIS 实际搭建中加以使用。

1.3   国内外研究现状及存在的问题

20 世纪 90 年代以来，在数学、物理学、逻辑学等多个学科的推动下，计算机网络技术、多媒体技术以及计算机软硬件技术得到了长足的发展与完善，互联网的普及和 Web 技术应用的日益广泛促进了地理信息系统在技术方面、理论方面以及应用方面发生了很大的改变，地理信息系统应用已经由专业人员使用的集中式系统向由普通人使用的分布式网络应用转变。

GIS 在网络技术、多媒体技术和计算机技术的推动下，已经大大地拓展了其应用领域和研究方向。在应用中，GIS 的应用模式也逐步由单机模式、局域网模式发展到今天的广域网模式。目前，网络带宽由于受到软硬件条件及技术上的限制，使我们无法单单从硬件方面着手来解决空间数据和信息的网络传输效率，为了搭建更为高效的 WebGIS 系统，需要我们将研究目光对准数据模型、数据加工算法、网络访问与传输机制等多方面。

"数字地球"（Digital Earth）概念的提出是 GIS 在 20 世纪 90 年代中后期发展的一个重要的标志，它的实质是搭建人类社会最大的地理信息系统，主要特点表现为以下 8 个方面[74][75]：第一个方面是它具有数字性、空间性和整体性，并且这三者融合统一；第二个方面是它的数据拥有无边、无缝的分布式数据结构，包括多源多分辨率多比例尺的、现时的、历史的、栅格的和矢量的数据；第三个方面是它是一种能迅速充实并连网的地理数据库，而且具备多种能融合并显示多源数据的机制；第四个方面是借助图形、影像、文本和图表等形式向互联网用户分别提供免费或收费的、局部范围或全球范围的信息、数据、知识等方面的服务，其中主要以信息服务为主；第五个方面是它的数据和信息按照普通、限制、保密等不同保密等级来组织，这使得不同的用户对不同的数据与信息具有不同的访问权限；第六个方面是将构件技术、动态互操作以及开放平台等最先进的技术与方案应用到搭建中；第七个方面是"数字地球"中的用户可以采取多种形式获取相关信息；第八个方面是其覆盖范围广泛，其服务对象覆盖整个社会层面。

从 20 世纪 90 年代后期开始，互联网技术的迅速发展与应用为地理信息系统提供了一种新的、非常有效的空间信息展示的平台载体。基于 Internet 的 GIS，或者说 WebGIS 已经成为 GIS 信息获取、共享以及发布的主要应用形式。

从数据传输模型上讲，WebGIS 分为两种：一种是栅格数据传输，另外一种是矢量数据传输。目前在各种技术推动下，基于栅格数据的传输已经得到了基本的解决，但考虑到矢量数据具有栅格数据所无法比拟的优势，以及应用面非常广泛、易于维护等特点，针对矢量数据的应用与研究一直是 GIS 领域关注的焦点。随着网络地理信息系统发展与应用，基于栅格数据传输的 WebGIS 模式已经不能满足人们对空间信息快速高效的需求与分析，针对矢量数据传输方面的研究也逐步被人们关注。

国外，早在 2001 年 Bertolotto 和 Egenhofer[6,7] 根据制图综合理论，提出了一种用于矢量数据渐进式传输的理论框架。虽然理论框架在一定程度上指引了矢量数据传输的技术研究，但是这一理论框架缺乏严密的数学理论，并且所采取的制图综合操作比较复杂，故这一理论在实际应用中基本上无法实现。

随后，Buttenfield[7] 于 2002 年提出了一种用于渐进式传输单层矢量数据的两步实施方法。第一步：层次细分数据（以 RDP 算法为原则），就是以条带树为数据结构将结果存储于服务器端，也就是预处理阶段；第二步：渐进式传输阶段，即在用户的请求下，服务器端先传送一个粗略版本矢量数据到客户端，然后在保持拓扑结构的条件下，随着地图的放大不断地添加"细节"，直到全部矢量数据传送完毕或者用户发出终止请求消息。这种方法只能处理小型数据库中单层的简单矢量曲线。

在 2003 年 Han 和 Tan[8]根据制图综合操作的常见准则，提出了一种用于矢量地图数据渐进式传输的原型理论，但是，在他们发表的论文中并没有给出实验结果和相关的系统展示。另外，Anselmo C. Paiva 等于 2004 年在第 15 届数据库和专家系统会议上，提出了一种矢量地图数据渐进式传输解决方案。其基本思路是：事先将一幅基本地图按一定规则划分为 9 块，如果用户对某一块中的地物比较感兴趣，则在用户选定该块后，服务器将该块放大(添加一定细节)，然后通过网络将相应数据传送到客户端。当然，这个过程要递归地进行，直到没有细节可以添加或者用户终止传输为止。但是该算法需要预处理且简化算法效率也不是很高，需要进一步改进。

在国内，2005 年杨必胜[14]等提出了一种矢量地图数据渐进式传输算法，该算法能处理曲线和曲面数据，比传统算法增加了处理曲面数据的功能。其基本流程为：定义一定数学法则，通过法则给地图数据中的顶点分别加权，根据阈值抽取一定数量的顶点，用这些顶点作为原始地图的近似值表示；对那些没有被选取到的顶点，将其存放到一个数组里，同时记录它们与其他顶点之间的拓扑关系。传输开始时，通过网络先把一个近似的概略地图传送到客户端，这样我们就可以实现矢量数据的网络渐进式传输。该算法的缺点是时间效率不高，需要进一步改进提高。

另外，GIS 数据多分辨率、多尺度表达以及流媒体传输等方面的研究已经引起有关专家的兴趣。例如：王艳慧、陈军[11]从概念上讨论了地理目标多分辨率表达的基本问题；王家耀等[10]基于地图综合方法提出了空间数据多尺度表达的技术策略；李军、周成虎[9]对不同时间、不同专业地理数据集成过程中的尺度匹配问题进行了研究；王晏民、李德仁[12]建立了一种基于基础空间数据库导出多尺度用户视图数据的数据模型。

艾波在其 2005 年硕士论文《网络地图矢量数据流媒体传输的研究》[17]中，从网络流媒体传输的角度，在艾廷华教授[18]提出的"初级尺度变化积累模型"的服务器端数据组织策略和荷兰的 Oosterom[13] 1990 年在其博士论文中提出的在 Douglas-Peucker[15]曲线化简算法的基础上，通过建立的平衡二叉树 BLG-Tree，用 Horton 方法对主次河流进行编码，从而实现河流从主流到支流，以及到次支流的矢量河流数据的流媒体渐进式传输。

王玉海等[18]提出了基于提升型小波变换的矢量数据渐进式传输，其主要思想是：根据人们对空间信息的认知是由总体到局部，由粗到细的特点，采用小波分析的性质，用小波变换的方法对矢量数据进行处理，然后根据用户的需求，在网络上逐步将数据传输给用户。

9

1.4　研究的内容及体系结构

根据前面的分析，要实现高效实用矢量数据的网络地理信息系统，最根本的问题就是在目前已有互联网带宽环境下，解决好矢量数据网络传输的问题，提高矢量数据的网络传输效率。因此，本研究将重点研究适合互联网的矢量数据模型、矢量数据简化以及矢量数据客户端显示等问题。

鉴于此，本研究的主要内容是在分析互联网环境、矢量数据特点和WebGIS技术的基础上，通过剖析矢量网络传输所需解决的基本问题，探讨适于网络的矢量数据组织方法，研究矢量数据的传输规则，探求适于网络传输的矢量数据的模型体系。

具体而言，本研究的内容主要包括下面五个部分：

①对WebGIS应用中所采用的数据模型、基本理论与方法进行介绍。

网络技术的发展促进了WebGIS的发展与应用，因此本研究根据WebGIS实现中所采用的空间数据类型与特点，WebGIS实现的模式与采用的方法等的介绍，总结出实现基于矢量快速传输与显示的途径和方法。

②对地图数据压缩与简化的相关理论和方法进行探讨。

数据量与网络传输是相互制约的两个方面，在一定传输网络的传输速率条件下，数据量越大，耗时越长，反之亦然。因此，在目前网络带宽有限的情况下，研究矢量数据的高性能网络传输离不开解决如何在不影响空间信息表达情况下减少矢量数据的数据量问题。

③介绍矢量数据传输理论和方法，并结合服务器端数据组织、数据压缩以及客户端矢量数据融合等进行研究。

搭建矢量数据的WebGIS系统离不开矢量数据的网络传输，矢量数据网络传输问题一直困扰着WebGIS在矢量数据方面的应用。目前栅格数据通过数据预处理的方式在WebGIS应用上取得了成功，我们可以试着以空间换时间的角度来考虑服务端矢量数据组织，从而探讨矢量数据的网络传输。因此本研究探讨矢量数据网络传输的理论和方法，通过分析和总结，在现有的带宽条件下，提出建立矢量层次增量分块模型数据，同时考虑屏幕视窗范围大小有限的特点，采取最少数据量传输原则，利用服务器与客户端缓存机制等来提高矢量数据的网络传输效率。

④寻求建立相关索引，保证分块后地图数据的一致性问题。

矢量数据经过分层分块处理后，使得线、面等地理实体要素被分割成若干部分，存取于服务器端上数据不再为一个整体，因此如何处理好分块后地图数据的一致性也是一个亟需解决的问题。本研究根据点、线、面三要素的特点，通过客户端融合机制来解决数据的一致性。

⑤采用 Silverlight 技术搭建实验原型。

采用上述的模型、理论及方法，以天津实验数据为基础，进行服务器端数据组织、数据组合压缩传输、缓存运用以及客户端数据展示等方面的实验，验证以上数据组织、方法的实用性，同时也指出存在的问题。

综上所述，本书的体系结构如图 1-1 所示。

1.5　研究的关键问题

在本书的研究内容中，主要涉及以下关键问题：

①构建矢量数据层次增量分块数据模型；

②对矢量数据先进行简化压缩处理减少数据量，传输时再进一步进行压缩传输；

③分析服务端、客户端的缓存机制并应用到矢量数据传送中去；

④分块叠加显示与客户端数据融合处理。

1.6　本章小结

本章首先分析当前 WebGIS 应用特点以及存在的问题，从数据应用的角度指出以矢量数据为基础的网络地理信息应用的需求，然后提出研究问题。指出本研究针对这些问题研究的目的和意义，同时介绍了当前针对这方面的国内外研究现状，最后叙述本研究的主要内容、本书的体系结构以及关键性问题。

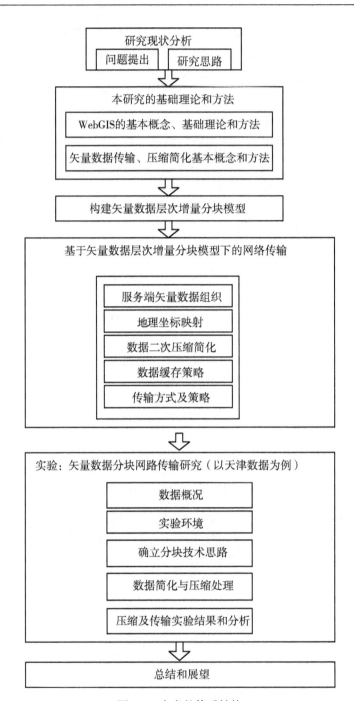

图 1-1　本书的体系结构

第二章 空间数据网络传输理论、
现状与问题分析

空间数据作为空间信息的载体，它是地理信息系统应用与发展的基石，没有它，地理空间上的各种地理现象将无法得到描述和展示。因此，本章首先从空间数据的基本概念着手，分别阐述矢量数据和栅格数据各自的特点，并比较它们之间的区别以及空间数据的组织形式。其次从 WebGIS 基本特征、技术实现模式、体系结构等方面对 WebGIS 的基本理论进行叙述。接着，本章还进行了基于瓦片金字塔模型下栅格数据网络传输的实验，并对实验进行了分析，得出栅格数据之所以快速高效的原因：其一是采取了以空间换时间的策略，即通过空间数据预处理建立数据量大的地图图片数据库；其二就是采取不同的数据格式或压缩机制将网络传输的地图图片块控制在 34KB 以下，从而在目前的网络环境下获得流畅的传输效果；其三就是采取了流媒体传输、异步调用以及数据缓存等方面的技术。最后结合目前矢量数据网络研究的现状，从服务器端数据的组织、矢量数据流媒体传输方式等方面阐述了矢量数据网络渐进式传输的理论、方法与特点。

2.1 空间数据基本概念

地理系统表现出来的各种各样的地理现象代表了现实世界。地理信息系统即人们通过对各种地理现象的观察、抽象、综合取舍，得到实体目标，然后对实体目标进行定义、编码、结构化和模型化，以数据形式存入计算机内。

地理现象到抽象表达的过程可以描述为人们首先对地理现象进行观察，这种观察可能是对现实世界的直接表象的观察，如野外观察，也可能对通过航空摄影和遥感影像记录的"虚拟现实世界"进行观察，然后人们对它进行分析、判别归类、抽象和综合取舍，通过这种方式对地理现象进行处理，转化为能被计算机所接受并能表达，从而形成地理空间数据。

空间数据可以说是地理信息系统的血液，实际上整个地理信息系统都是围绕空间数据的采集、加工、存储、分析和表现而展开的。总的来说，空间数据是指用来表示空间实体的位置、大小、形状及其分布特征等多方面信息的数据。空间数据描述的是现实世界各种现象的三大基本特征：空间、时间和属性[1]（如图 2-1 所示）。

（1）数据的空间性

数据的空间性是指具有反映现象空间位置及在空间位置上关系信息的数据，空间位置一般采取坐标数据形式表示。这里的坐标数据具有一定坐标系下的参考位置，我们可以根据具体的应用需求来选择所要采用的坐标系，不同的坐标系统之间可以通过一定的模型来实现相互之间的坐标转换。

（2）数据的时间性

数据的时间性（或者称为周期性）是指随着时间的变化，空间数据所具有的空间特征和属性特征也发生变化。空间特征和属性特征既可以同时随时间变化而变化，也能各自独立地随时间变化而变化。例如，某地区种植业的变化表示属性数据独立随时间的变化；行政边界的变更表示空间位置数据的变化；土壤侵蚀而引起的地形变化不仅改变了空间位置数据，也改变了属性数据。必须指出，随时间流逝留下的过时数据是重要的历史资料。

（3）数据的属性

我们把用来描述地理现象的诸如实体类别、实体的属性等特征信息称为数据的属性。例如，一座桥的属性包括桥宽、桥名、桥结构、修建时间，等等。从空间数据分类上讲，数据的属性是非空间数据，但它是空间数据的重要的补充信息，与空间数据相结合可以更准确地表述空间实体的信息。

在 GIS 应用的数据表示中，时间是连续的，且空间数据的采集无法实现绝对的连续性，因此，我们一般不采用连续的时间来表示数据的时间性，而是采取时间属性来表示实体的时间性，其实也就是将时间特征隐含在属性信息中。

总的来说，前面叙述的这些特点反映了地理数据具有定性、定位、时间与空间关系，简单地说，我们将空间实体在地理位置上的空间特性称为定位；将空间实体随着地理位置所具有的自然属性称为定性；而将随着时间变化而变化的空间实体特征称为时间特征。这里空间关系基本上是指拓扑关系，这需要通过一定的数据结构来描述。

2.1.1 空间数据类型

空间对象的计算机表达即用数据结构和数据模型表达空间对象的空间位置、拓扑关系和属性信息。关于空间对象的计算机表达有两种主要形式，一种

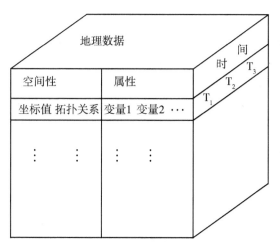

图 2-1   地理数据特点

是基于矢量的表达即矢量数据,另外一种基于栅格的表达即栅格数据。

1. 矢量数据

目前,矢量形式是最适合空间对象在计算机中的表达,而矢量数据就是通过矢量方法将地理现象或事物抽象为点、线、面实体,并将它们放在特定空间坐标系下进行采集,获取图形的各离散点平面坐标的有序集合。矢量数据结构是最常见的地图图形数据结构,地图图形元素几何数据之间以及几何数据与属性数据之间的相互关系都是通过它来进行描述的。

点实体:在存储点实体在一定坐标系下的坐标数值的同时,还要将一些用于描述与点实体相关的诸如类别、符号等按一定结构存储下来。

线实体:一般而言,我们将由直线元素组成的各种线性要素称为线实体,其中两对(x,y)坐标组成了直线,故线实体就是存储从起点到终点的一系列(x,y)坐标对,同时也要将与线实体关联的一些特征属性存储下来。

面实体:也可称为多边形,它是由一系列首尾相连的坐标对围成的闭合图形,同样,除了存储这些坐标对及其属性信息外,由于它需要表达区域的拓扑特征,如形状、邻域和层次结构等,需要保存这方面的关系的数据,这使得它在编码方面比点和线更复杂。

基于矢量模型的数据结构简称为矢量数据结构,它是利用欧几里得几何学中的点、线、面及其组合来表示空间目标分布的数据组织方式。这种数据组织方式优点表现在以下几方面[1]:①用较小数据量可表示较高精度的地理数据;②数据结构比较严密,数据近似程度低;③能完整地描述其拓扑关系;④可以得到较好的图形输出质量；⑤图形数据和属性数据的管理较为方便，如恢复、更新、综合都能实现；⑥它是面向目标对象的，不仅能表达属性编码，而且还能非常方便地记录每个目标具体的属性描述信息。

当然，这种数据组织方式也存在一定的不足。大致而言，其数据结构复杂，矢量多边形的叠置算法较为复杂，数学模拟比较困难以及技术复杂。总的来说，矢量数据结构分为以下几种类型：

（1）简单数据结构

数据按照基本的空间对象（点、线或多边形）为单元进行单独组织，不含有拓扑关系数据。

（2）拓扑数据结构

拓扑数据结构包括 DIME（对偶独立地图编码法）、POLYVRT（多边形转换器）、TIGER（地理编码和参照系统的拓扑集成）等。它们的共同特点是：点是相互独立的，点连成线，线构成面。每条线起始于节点（FN），止于终节点（TN），并与左右多边形（LP 和 RP）相邻接。

（3）曲面数据结构

曲面数据结构是指联想分布现象的覆盖表面，具有这种覆盖表面的要素有地形、温度、降水量、磁场等。表示并存储这些要素的基本要求是：考虑到必须便于连续现象在任一点的内插计算，因此，经常采用不规则三角网来拟合连续分布现象的覆盖表面，一般也称为 TIN 数据结构。

2. 栅格数据

栅格数据用一个规则格网来描述与每一个格网单元位置相对的空间现象特征的位置和取值。在概念上，空间现象的变化由格网单元值的变化来反映。

栅格数据在本质上是用像元阵列来描述，在阵列中每个像元由所在的行列确定位置。由于栅格数据结构排列遵循一定的规则，所表示的实体位置可以隐式地存储在网络文件中，可以方便地推断出来。

栅格数据结构的行列像元阵列存储、维护和显示，相对矢量数据结构都更适合于计算机的处理。根据栅格结构所在文件中记录的每个存储单元的行列位置，可以获取其栅格数据结构编码，格网上的行列坐标可方便地转为其他坐标系下的相应坐标值。在栅格数据格网文件中，每个代码即为实体属性或者属性编码。具体来说，在栅格数据中点实体表示为一个图像像元；线实体表示为保持连接的相邻图像像元的集合；面实体由相邻图像像元聚合而成。

栅格数据本质上是将地理数据以一定的像元分辨率进行近似描述，如使用平均值或按某种规则提取像元内的数值等。栅格数据一般用来表示地表上不连续的，近似离散的数据。栅格数据的比例尺为栅格格网大小与地表上相应单元大小的比例。比例尺的大小对长度、面积等的度量有很大影响。当然这种影响还与长度、面积计算的方法有关。

栅格数据结构的主要优点是：数据结构较为简单，基于栅格数据结构的空间叠置比较方便，数学模拟方便。缺点在于：图像数据量大；用大像元减少数据量时，精度和信息量很容易受到损失；地图输出有锯齿，不精美；无法建立网络连接关系；投影变换的耗时长等。

2.1.2 空间数据组织

空间数据组织是地理信息系统建设的关键步骤之一，同样基于空间数据网络传输环境下的 WebGIS 的搭建也离不开空间数据的组织。随着人们对空间对象所采用的认知角度、认知方式以及认知手段的不同，最终获得了不同的认知结果，目前初步形成了两种不同的数据组织方法：一是基于分层的数据组织，二是基于特征的数据组织。

这两种组织都以实体模型和场模型为基础，基于特征要素的数据组织是在面向对象思想的推动下采取一定的技术方法来组织数据，基于分层的数据组织主要是在矢量数据模型、栅格数据模型和关系数据模型的基础上采用分层的方法来组织数据。当前，分层的数据组织方法也融入了面向对象思想，但并没有形成真正的面向对象的数据模型。由此可见，二者存在根本的差别。两种数据组织模式如图 2-2 所示。

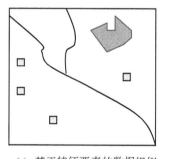 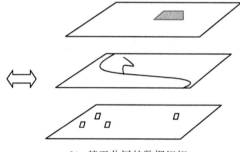

(a) 基于特征要素的数据组织　　　　　(b) 基于分层的数据组织

图 2-2　两种数据组织模式[7]

1. 基于分层的数据组织

分类理论是人们认知现实世界的重要理论之一，"层"是 GIS 应用中重要的基本概念之一，"分层"是目前 GIS 数据组织的最基本也是最重要的组织方法之一，矢量数据模型中分层伴随着分类，主要是按抽象的几何要素进行分类，如点类、线类、面类和体类等，而栅格数据模型则主要是分层，分层后的每层数据均有相应的属性和空间信息[19]，相关逻辑组织模型如图 2-3 所示。

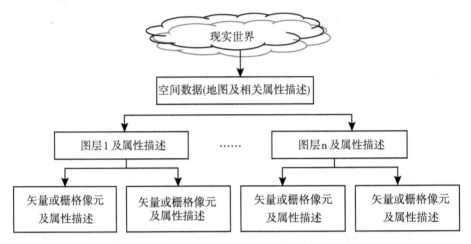

图 2-3 空间信息分层逻辑描述（据文献［19］改）

空间图层数据模型是将某一地理区域的空间对象按照一定类别或级别指标特征划分出不同的图层，如行政范围居民地、湖泊、铁路、高速公路等图层，并用点、线、面来分别表示图层中的要素。通过图层数据模型建立的空间数据，有利于表达空间对象之间的拓扑关系。

图层数据模型按照空间拓扑关系组织并存储各个几何要素，其特点是以点、线、面间的拓扑连接关系为中心。该模型的主要优点是：数据结构紧凑，拓扑关系明晰，由于预先存储的拓扑关系，可以大大提高系统在拓扑查询和网络分析方面的效率[20]。

2. 基于特征要素的数据组织

分层数据组织模型从逻辑理论上讲非常符合人类的思维方式，因而依托这一模型，地理信息系统得到了广泛的发展与应用，各种地理信息软件如雨后春笋般成长起来，但随着人们对空间信息应用的不断深入，这种模型在对地理现象的描述中逐步显示出其不足之处，大致归纳如下：①采用空间几何目标对现实世界进行抽象，忽视了地理现象之间的内在联系，减少了 GIS 信息容量；②侧重空间位置描述的矢量或栅格数据组织模型，弱化了以分类属性、相互关系为基础的结构化实体所提供的丰富的分析能力；③分层叠加的方法将现实世界划分为一系列具有严格边界的图层，这种边界不能充分反映客观现实，从而造成了许多人为误差，而且，这种方法不能提供许多基本对象的空间分析能力。

上述不足表明，新一代 GIS 应对地理现象进行完整的、有机的抽象和简化，故而需要一个高度统一的框架对地理现象和地理数据进行规范化的识别、组织和表达；而把特征作为地理要素信息的基本单元，采用基于特征的数据组织方法具有很大的优越性[23]：①特征是对地理现象的高度抽象和全面表达，它包括了地理现象在空间、时间和专题等方面的所有信息；②基于特征的数据组织方法有利于时空专题信息集成，发展目标定向分析；③GIS 功能可以得到进一步扩展，在基于特征 GIS 中，特征是可以通过聚集或联合从而形成更为复杂的整体特征，例如城市是由道路、居民地、企业、公园等组成的复杂特征，借助聚集等方法将简单特征转化复杂特征，这在传统 GIS 中很难实现。

2.2　WebGIS 相关理论

随着互联网技术的不断发展和人们对地理信息系统(GIS)应用的需求，利用互联网在 Web 上发布和查看空间数据的初级功能，并为用户提供空间数据浏览、查询和分析以及交互等高级功能，已经成为地理信息系统发展与应用的必然趋势。于是，基于互联网技术的地理信息系统——WebGIS 就诞生了。WebGIS 是 Internet 技术应用于 GIS 应用领域的产物，换句话讲，网络地理信息系统是指利用 Web 技术对地理信息系统进行扩展与完善的一项新的技术发展方向，基于 C/S 模式下的请求/应答机制建立的 HTTP 协议，可以通过网络传输并在客户端浏览器上显示多媒体信息，同时具备一定的与用户交互操作能力，结合 GIS 应用中主要是通过图像、图形的方式来表达空间数据，并通过一定的交互式操作来完成对空间数据的查询、分析等功能，结合以上两者的特点，我们能够充分利用 Web 技术来对空间数据进行展示并完成一定的空间交互式操作。

总的来说，我们可以从以下四个层面来理解 WebGIS 的应用。第一个层面是空间数据发布，与传统的单纯 FTP 方式相比，HTTP 方式更能便于用户寻找需要的资源与数据。第二个层面是空间查询与检索，利用 Web 技术，用户通过浏览器端交互操作，能够非常方便地进行图形和属性信息方面的查询与检索。第三个层面是空间应用模型服务，通过在服务器端搭建面向用户提供 GIS

功能服务的空间模型,我们可以在服务器端接收用户的请求,通过模型计算获取结果并将结果返回给用户。从而形成浏览器/服务器结构。第四个层面 Web 资源的组织,这方面主要表现是将 Web 上的各种资源与地理位置关联起来,从而使各种信息都组合在一起,为用户提供各种资源、信息与 GIS 功能方面的服务。

和传统地理信息系统应用相比,网络地理信息系统具有其特殊之处,这种特殊之处体现在以下三点:

第一,传统的地理信息系统多数为独立的桌面单击模式,而 WebGIS 是建立网络的客户端/服务器模式。

第二,客户端和服务器之间的信息交换是通过互联网来完成的,通过互联网,我们可以在全球范围内实现空间信息的传输与交换。

第三,WebGIS 是一个分布式系统,因此,我们可以将 WebGIS 服务部署在互联网连接的不同地方和不同的计算机上,从而便于全球范围内用户的访问。

2.2.1 WebGIS 基本特征

地理信息系统(Geographic Information System)是在常规计算机软硬件支持下,采集、存储、管理、检索、分析和描述地理空间数据[1],适时提供各种空间的和动态的地理空间信息,用于管理和辅助决策过程的计算机管理系统。

与传统的 GIS 软件相比,WebGIS 在体系结构上具有了根本性的转变。其主要特点有以下几部分:

1. 基于 Internet/Intranet 标准

WebGIS 支持互联网(Internet)、网络通信、TCP/IP 和 HTTP(超文本传输协议)协议,采用标准的 HTML 浏览器作为应用载体,对通信标准的支持可以说对 WebGIS 是至关重要的,支持 TCP/IP 和 HTTP 协议使得 WebGIS 能通过网络与任何地方的数据互联互通,无论是国内还是国外;在这一层次的网络协议标准的基础上,我们扩充其他方面的功能,这一协议也是 WebGIS 结构优越性得以体现的前提。

2. 分布式服务体系结构

分布式服务体系结构就是一种在客户端和服务器端提供活跃的、可执行进程的体系结构,它能在一定程度上有效地平衡两者之间的处理负载情况。空间信息查询和浏览适合在客户端执行;按照用户需要更为高级的数据获取和复杂分析计算主要是在服务器端完成。

　　将分布式处理机制引入到客户端和服务器端，可以最大限度地发挥现有计算机软硬件资源的利用率，并将地图数据集中存储在服务器上，使得各个客户端在一定权限范围内可以通过网络访问该数据，这种分布式处理机制可以在显著地降低对网络带宽要求的情况下，提高应用系统的性能，从而使传统的 GIS 应用向分布式结构的 GIS 应用转变。

　　3. 多源数据的分布式存储

　　通过 WebGIS，能充分利用已有的 GIS 数据库数据资源。各种 GIS 数据可以分布式地存储在各地，从而减少了数据集中存储的成本。通过分布式技术，我们可以将服务器端的 GIS 数据(包括图形和属性数据)分散安装在位于不同地方的多台服务器上。这些服务器只要通过网络相连，即使分布在空间距离很远的地方，也能通过分散存储数据来满足数据的应用需求。

　　4. 发布和管理方便

　　互联网技术的应用和普及，使得 WebGIS 的数据信息更新管理更加及时、方便，所面对的用户范围更为广泛，发布速度更快。WebGIS 的体系结构的多种应用服务的更新改善都比传统地理信息系统中的维护服务简便。这是因为WebGIS 只需要维护服务器端的数据和服务，客户端可以即时看到服务器所更新的数据和服务。

　　5. 用户界面灵活易用

　　WebGIS 采用标准的互联网浏览器作为用户使用软件界面和工具，对于用户来说使用没有门槛。而且还可以定制各种各样不同的界面。现在网页开发工具丰富，功能强大并且表现力好，开发出来的网络地图操作简单，具备良好的用户体验性。

　　6. 安全性

　　WebGIS 可以建立特定的数据访问安全控制机制，通常利用一定规则编码形成的口令密码可以限制访问人员的范围以及所能访问的内容。还可以根据用户权限级别，在实际应用中，设定不同的信息获取层次，即权限高的用户获得的信息较多，权限低的用户只可以获得较少的信息。

　　7. 成本低廉

　　互联网地理信息系统充分利用目前的互联网基础设施，以较少的投资可以实现覆盖较广的空间信息发布网络信息平台。理论上，用户只要能够上网，就可使用实时高效的地理信息服务，而不需要购买任何专门的 GIS 软件。

　　8. 可以实现协同地理信息服务

　　首先是数据服务，用户可以从全球的地理信息服务中查找并获取地理数据，并与本地数据结合在一起为其工作任务服务。数据服务极大地提高了存储在 GIS 数据库中的全球空间信息的作用。网络地理信息系统的用户可以在任何时间、任何地点共享和使用各种数据。在数据服务的基础上，用户可在任何地点通过一个简单的浏览器界面访问专业地理信息分析功能，并逐渐促进各种分析服务的研发。

2.2.2　WebGIS 实现技术模式

目前，在空间信息应用中，实现网络地理信息系统所采用的主要技术可以划分为三类，分别为基于服务器、基于客户端以及基于服务器/客户端的混合技术。按地图数据发布的方式可以将其划分为两种方式，一种方式是矢量方式，另外一种方式是栅格方式。简单地说，我们把在客户端以矢量图形来显示地图内容的方式称为矢量方式，以栅格图像显示地图内容的方式称为栅格方式。

1. 基于服务器的 WebGIS 技术

基于服务器的 WebGIS 主要是指依赖服务器上的 GIS 系统模块来完成 GIS 方面的计算与分析，同时将计算与分析的结果以一定格式输出。此种情况下，浏览器是作为地图展示并面向用户提供交互式操作接口。对于浏览器上用户的操作而言，每进行一次 GIS 方面的操作，就需要通过互联网将相应的请求发送到服务器，服务器一旦收到此请求，将启动服务器端的 GIS 功能模块来处理与分析，并随后将最后的结果回传给用户的浏览器去展示。

目前，基于服务器的 WebGIS 构建技术主要有 CGI(通用网关接口)方式和 Server API 方式(服务器应用程序接口)。

(1) CGI(Common Gateway Interface)方式

目前，由于浏览器只支持 GIF、JPEG、PNG 等栅格图像格式，而无法支持矢量空间数据，因此，在矢量空间数据无法在客户端显示的情况下，通过将矢量空间数据转换成栅格图像，就可在浏览器中显示，缺点是这种图像是静态的，所以用户无法与它进行交互操作。

所谓 CGI(通用网关接口)方式，实质上它是提供了一个在服务器与浏览器之间，以及服务器上其他软件之间的接口，是连接应用软件与 Web 服务器的标准技术。通过这个接口，客户端用户的请求就可以一次发送到服务器上，服务器接收到请求后，再转到后端的应用软件上，应用软件就会根据特定的请求执行计算操作，产生结果后构建成浏览器所支持的文档发给 Web 服务器，随后传回客户端浏览器并显示出来。

CGI 方式是一种最早实现动态网页的技术，它使用户通过浏览器进行交互式操作成为可能。CGI 的优点是灵活性较强，客户端无需安装任何插件，所有操作和分析都是由服务器端完成，而服务器端可以用任何一种语言编写，充分利用了服务器的资源。但 CGI 最大的缺点是效率不高。由于需要通过 WebGIS 传到客户端的地图为栅格数据，这使得每次客户端的操作都必须由服务器来完成，网络和服务器的负担较沉重，经常会造成网络方面的延迟。其次，这种方法使服务器端的 GIS 系统需要保持联机状态，造成大量不必要的计算机资源消耗，如对每一个客户机的请求，服务器端都要重新启动一个新的服务进程，如果多个用户同时发出操作请求，服务器就需要对这个操作进行应答，这在互联网的访问流量较低时，系统可以保持良好的运行状态，而一旦大量用户同时与地理信息系统服务器进行通信时，多个 CGI 备份将同时运行起来，这会导致服务器负载过重从而使得其运行效率大大降低，使运行速度极其缓慢。

（2）Server API 方式

在某种程度上讲 Server API 的基本原理和 CGI 类似，但 Server API 速度比 CGI 要快很多，这是因为其充分利用特定的网络服务器，而且 Server API 的动态链接模块启动后就一直处于正常运行状态，这样不需要像 CGI 一样每次都要重新启动，改善了 CGI 方法的低效率问题。

虽然 CGI 和 Server API 都增强了客户端的交互性，但服务器传给客户的信息仍然是静态的。传递给客户端的整个地图图像将所有地理实体整合为一个实体对象，客户端用户无法对单个地理实体进行相应的操作。任何客户的地图操作都只能是针对整体实体对象进行，即需要通过服务器来完成并将响应的结果返回。当网络流量较高时，会造成服务器的负载较重，网络地理信息系统反应会变得越来越慢。

2. 基于客户端的 WebGIS 技术

这种技术最大的特点就是将大部分的 GIS 分析、GIS 数据处理转移到客户端去完成。从部署上讲，这些 GIS 分析工具和 GIS 数据都是存储在 GIS 服务器上的，一旦用户通过网络向服务器请求这些 GIS 分析工具和数据时，GIS 服务器就会通过网络将这些请求的数据和分析工具回传给用户客户端，用户客户端下载这些工具和数据后，就可以在无服务器参与的情况下按客户端用户的操作来完成 GIS 分析和数据处理。

这种技术采用了先下载后使用的流程，保证了所需要的 GIS 分析工具、GIS 空间数据都下载到本地客户端，这使得用户在客户端操作时更加方便、灵活，同时操作速度更快，不过前期需要等待比较长的下载时间。当前，采用这种技术所实现的方法包括：Plug-in、Java Applet 以及 ActiveX 等。

（1）Plug-in 方法

Plug-in 方法的提出主要是应对 CGI 和 Server API 两种模式都只能传输静态图像的问题。用户需要在浏览器上进行操作，静态图像造成很多操作必须在服务器端进行。为了扩展客户端浏览器的地图操作能力，可以在浏览器上安装插件(Plug-in)，这种方法叫"插件法"。通过将一部分服务器上的地理信息分析功能转移到客户端上，不仅加快了客户端用户地图操作的反应速度，而且显著减少了网络数据流量。从功能方面分析，Plug-in 插件不但可以增加网络浏览器处理地理空间数据的能力，同时也让人们更容易获取 GIS 数据。这主要是因为插件(Plug-in)传输和处理的是矢量空间数据，其数据量较小，这种模式下地理信息系统数据只需一次性传输到客户端，该策略加快了系统对用户操作的反应速度，减少网络 GIS 服务器的信息流量，因而使网络地理信息系统服务器能为更多的用户提供服务。这种方法的主要问题是需要开发多个版本的 Plug-in 插件。这是因为实际应用中插件的部署与操作系统、运行平台以及地理空间数据类型密切相关，根据不同的地理信息数据、不同的操作系统和不同的客户端浏览器都需要编写各自不同的 Plug-in 来支持。实际应用中如果用户需要处理多种 GIS 数据类型，一旦用户准备使用则必须安装下载多个 Plug-in 程序，这又引出了各种不同插件版本升级等问题。

目前应用的 WebGIS 平台软件中，Intergraph 公司的 GeoMedia WebMap 与 AutoDesk 公司的 MapGuide 就是使用了 Plug-in 插件方法。用插件方法构造 WebGIS 较为简便，性能也比较稳定。主要缺陷是用户要在客户端安装浏览器 Plug-in 插件，限制了其普遍应用。

（2）Java Applet 技术

Java 应用程序技术也是一种客户端开发技术。Java 历史上就是一种专为互联网设计的计算机编程语言，因此几乎所有的浏览器都支持 Java 编写的程序。Java Applet 是一种可以在客户端机器上运行的 Java 小程序，可以内嵌在任何 HTML 脚本文件中，在使用的时候从网上下载，来完成图形的操作。Java 程序本身存储在 Web 服务器中，当客户访问一个包含 Java Applet 的 HTML 网页文件时，Java Applet 程序和 HTML 一起下载并传输到客户端的计算机中。当客户退出浏览器时，Java Applet 将与 HTML 文件一起被卸载掉。

采用 Java 技术的最大优点在于可以自由地处理每个地理实体，这改变了以往的只获取一幅由服务器处理好的静态图像的模式。例如，武汉大学研制的 GeoSurf 就是用 Java 编写的。Java Applet 的主要问题是地理空间分析能力较弱，因此在建立大型的 GIS 系统时，分析能力有限，无法与 CGI 模式相比。造成地理数据保存、分析结果的存储和网络资源的使用能力不能很好地满足要求。

（3）ActiveX 技术

ActiveX 是一种由 OLE（对象链接和嵌入）技术标准发展而来的互联网技术和体系结构，ActiveX 是以微软公司的组件对象模型（Component Object Model，COM）和分布式组件对象模型（Distributed Common Object Model，DCOM）标准为主要基础发展而来的。

ActiveX 控件与插件技术 Plug-in 较为相似，都是扩展浏览器功能的动态模块。其不同点是 Plug-in 插件只能在某一具体的浏览器中使用，而 ActiveX 能被支持 OLE 标准的任何应用系统或程序语言所用。

使用 ActiveX 技术建立的 WebGIS 主要依赖 GIS ActiveX 来完成对地理数据的显示和处理功能。应用 ActiveX 技术的基本流程是：当浏览器访问包含 ActiveX 组件的网络页面时，ActiveX 组件会被下载到客户端。用户利用客户端组件通过 HTTP 协议向服务器端传递所有控制和数据信息，还可以通过组件直接和 WebGIS 服务器上的 CGI 等网关程序通信。在服务器端，系统通过 CGI 程序接收传递过来的客户端信息，同时通过 OLE 对象调用基本地理信息系统实例，完成对地图的控制与分析任务。如果需要访问数据库，利用 ODBC 接口访问数据库。在地理分析操作完成后，系统通过 CGI 网关程序向客户端 ActiveX 组件传递相应的空间数据，并将其中包含基本地理信息系统进行实例化后，将矢量地图转换成栅格地图的 URL 地址，再根据 URL 地址通过 HTTP 协议将点阵图发送到客户端。

ActiveX 的优点：执行速度快，可用多种语言实现，因此可以复用原有 GIS 软件的源代码，提高了软件开发效率。ActiveX 技术的主要缺点：较多浏览器不太兼容 ActiveX 技术，ActiveX 只能运行于微软的 Windows 系列平台上，Netscape 公司的浏览器中则必须有特制的 Plug-in 才能运行；ActiveX 需要下载到客户端才可运行，要耗费下载资源，并占据客户端机器的磁盘空间；与 Java 相比，到目前为止 ActiveX 在网络安全方面的问题缺乏好的解决方法。

3. 基于服务器/客户端混合的 WebGIS 技术

尽管上述的两种技术在一定程度上推动了 WebGIS 在实际中的应用与发展，但这两种技术存在很大的不足。具体地说，在客户端模式中，客户端计算机的运算能力制约着网络地理信息系统的执行效率，当计算机处理能力与处理需求之间发生矛盾时，这种执行效率会下降得非常明显，严重地影响了用户的体验。在服务器模式下，由于需要频繁地在客户端与服务器之间进行数据传输，这使得网络带宽和网络数据流量成为制约系统执行效率的两大主要因素。故而将这两种模式结合起来构成混合模式，从而充分发挥各自的长处。

混合模式是从服务器端和客户端两方面考虑，通过将数据和功能运算合理分配在服务器端和客户端两端，从而充分发挥各自的长处来提高系统整体执行效率。例如，当系统碰到大量数据分析与处理的工作时，我们可以通过混合模式将此任务交由高性能服务器去完成，而遇到由用户控制处理任务的时候，则可以直接在客户端进行。

当前，流行的 WebGIS 应用平台中，ArcIMS、GeoBeans 就是运用了服务器/客户端的混合技术，Supermap 则是基于服务器端 ASP 技术，GeoSurf 是基于客户端的 Java Applet 技术研发的。

2.2.3　WebGIS 体系结构

经过十几年在理论和技术上的发展，WebGIS 已经逐渐形成了一些成熟的应用体系结构。目前，虽然实现 WebGIS 的方法各式各样，但总的来说可以按照其采用的体系构成划归为以下三种：C/S(客户机/服务器)模式，B/S(浏览器/服务器)模式以及 C/S 与 B/S 混合的模式。与传统的 GIS 系统一般是采用集中模式不同，WebGIS 主要采用的是一种分布式结构。

1. C/S 模式

这里说到的 C/S 结构，其实就是客户机(Client)/服务器(Server)结构，这是一种成熟的软件体系结构，它通过将任务合理分配到 Client 和 Server 两端，在充分利用两端硬件环境的基础上，大大降低了系统的通信次数。在 C/S 模式情况下，服务器一般采用高性能的服务器、工作站或者小型计算机，安装有大型数据库软件，例如 SQL Server2008、Oracle10、Sybase 等，而且应用客户端计算机需要安装专门的客户端软件；在此种搭建模式中，大量的数据存储在高性能的服务器上，客户端和服务器端的通信较为简单，服务器端接收客户端根据网络协议发出的请求，并基于简单的请求/应答协议解释该请求，按照请求的信息内容执行相应的操作，最后将操作结果传回给客户端。

目前，WebGIS 搭建一般采用客户机/服务器模式。这种模式也经历了两个阶段的发展，第一个阶段实现机制是：采用 C/S 模式的网络地理信息系统在执行 GIS 功能分析时，通过将任务分解为服务器端和客户端两部分，客户通过向服务器请求所需要的 GIS 数据和 GIS 分析功能工具，服务器接收到请求后响应并执行客户请求，把随后响应的 GIS 数据和功能模块返回至客户端供其使用。传统的网络地理信息系统的建设中，客户机/服务器模型是应用非常广泛的方案。随着技术的发展，通过将服务器一分为二，搭建相应的应用服务器和数据服务器，形成三层网络结构，通过这一改变，可以更好地区分数据访问操作和应用模型访问，从而更好地将任务分配到各个服务器上，这种方式可以说是目前 WebGIS 经常采用的一种结构。

（1）两层 C/S 结构

在这种客户机/服务器模型中，通常所说的客户端是指与最终用户交互的应用软件系统，而服务器，顾名思义，是为客户端提供服务的一组互相协作的过程。两层 C/S 结构的网络地理信息系统的模型如图 2-4 所示。

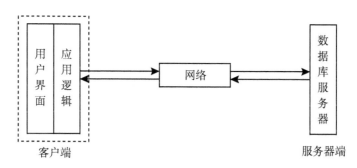

图 2-4　两层 C/S 结构 WebGIS 模型示意图

在基于客户机的这种两层 C/S WebGIS 结构下，客户机承担空间分析、输出等工作。在运行的时候需要将地理数据和分析工具从服务器上下载到客户端[4]。

一般而言，C/S 应用软件模式大部分是基于"胖客户机"结构基础上搭建的，是典型的两层结构应用软件。C/S 软件模式下，客户端软件包括满足用户需求的应用程序及相应的数据库连接程序。客户端软件的主要作用是处理用户交互，并按某种应用逻辑流程处理与数据库系统的交互。服务器端软件基于数据库系统建立，并根据客户端软件发送的请求进行相应的数据库操作，最后将处理后的结果返回给客户端软件。客户端与服务器端软件之间主要是通过 SQL 语句进行通信。

根据两层 C/S 结构的特点，客户端软件部分是应用软件开发的主要部分。这样，用户界面和应用逻辑处于同一个平台，因此客户端软件要在满足与用户交互和数据显示的要求基础上，进一步对应用逻辑进行相应的处理。这种开发模型带来了两个问题：系统的可伸缩性较差、安装麻烦。

（2）三层 C/S 模式的 WebGIS 体系结构

为了解决两层 C/S 模式下客户端庞大和系统使用复杂等问题，经过不断的研究和试验，三层 C/S 应用软件结构应运而生了，它的提出是为了改进两层结构应用软件结构。在两层结构中，如果将原来的客户端的应用程序模块和图形用户界面在物理上分开，转移到服务器端，可以形成图形用户界面(客户端)/应用层/数据服务器的三层 C/S 体系结构。三层 C/S 结构应用软件的最大特点是用户界面与应用逻辑位于不同的层次上，而且所有的用户共享应用逻辑。这种共享模式是与两层 C/S 结构应用软件之间的最显著的区别。三层结构模型如图 2-5 所示。

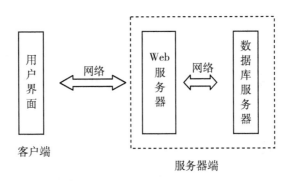

图 2-5 三层 C/S 模式 WebGIS 结构

与两层模式相比，三层模式的主要特点如下：

①这种模式具备良好的灵活性与可扩展性；

②可共享性强，处于不同平台的客户应用程序可向服务器请求而得到服务，在很大程度上节省了开发时间和资金的投入；

③程序代码在软件开发中的可重用性较好。

2. B/S 模式

这里说到的 B/S 模式结构，其实就是浏览器(Browser)/服务器(Server)结构，互联网技术的发展推动了这种结构模式的产生与应用，这种模式可以看作是一种对 C/S 结构的延伸、发展或者改进的结构。它可以看作是基于互联网环境下的三层 C/S 模式实现与应用。在 B/S 结构下，客户端工作界面一般通过网络浏览器显示，同时一部分事务逻辑也可以部署在前端浏览器上。同时服务器端承担了大部分事务逻辑处理，从而构建三层应用结构，这种结构减轻了客户端计算机的负载，简化了系统管理与维护流程，降低了系统维护与升级所带的工作量和成本，节省了整个系统开发的总费用。

　　两层 C/S（客户端/服务器）模式的结构体系存在着并发控制数据较难以及数据安全等难以解决的问题，三层 B/S 模式体系结构的提出是通过将数据管理功能单独提取出来，并建立独立的数据服务器，形成了客户端浏览器、应用服务器、空间数据库服务器的三层结构，有效地解决了两层模式的问题，如图 2-6 所示。

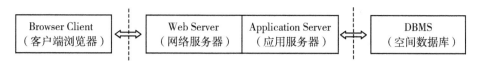

图 2-6　三层 B/S 模式 WebGIS 结构示意图

　　三层 B/S 模式的 WebGIS 体系结构下，浏览器和服务器端的地理信息发布服务组成了一个网络地理信息系统。浏览器与服务器端之间的数据传输是通过网络协议进行的，目的是将相应的地理信息数据显示在客户端的浏览器上。这种机制下服务器端应用软件根据客户端发送过来的请求，从空间数据库中找到需要的数据，并将数据信息单元传送过来的压缩信息由扩展压缩控件进行解压。

　　B/S 模式下的网络地理信息系统最为常见的是由三部分组成：客户端的浏览器、中间层 Web 服务器和后台数据库服务器。所以该结构也可以称为"浏览器/Web 服务器/数据库"结构。

　　网络地理信息系统的客户端是一个符合国际标准的浏览器，与传统浏览器功能近似，客户端主要负责和用户交互，在得到用户请求信息后，向中间层 Web 服务器发出信息请求，显示由 Web 服务器返回的数据。中间层 Web 服务器在接收浏览器通过网络传来的请求的同时，启动服务器部署的扩展程序并把请求信息传递给它。此时服务器扩展程序会把请求信息通过解释并传递给后台数据库。数据库服务器接收到查询请求后在服务器端执行相应的空间数据查询操作，待查询结果集出来后，将查询结果传回服务器的扩展程序。此时服务器扩展程序再将结果集进行空间分析处理，并转换成浏览器能够接收的数据形式后反馈给 Web 服务器，最后客户端浏览器接收从 Web 服务器传送过来的 HTML 文档并显示出来。

　　实际应用中，采用三层 B/S 结构开发的网络地理信息应用系统可以将"胖客户机"变成为较"瘦"的客户机，实现将开发与管理的工作迁移到服务器，提升了地理数据分布式处理的能力。B/S 结构下网络地理信息系统的管理和维护相对简单。在实际开发中，整个网络地理信息系统被划分为不同的逻辑块，可从三个层次分别进行开发，具备清晰的结构，提高软件的开发效率。

三层 B/S 结构较之两层结构具有更加强大的数据操作与事务处理能力，而且由于将事物处理与数据管理从逻辑上分开，可以有效地保证数据的安全性和约束完整性，但这种结构在系统的性能、伸缩性、可扩展性等方面不可避免地存在一定的局限性。

3. 混合模式的 WebGIS 体系结构

在地理信息应用中，由于 C/S 模式与 B/S 模式拥有各自的优点和适用环境，使得它们应用于不同的领域和环境下。大致而言，对于应用环境中数据计算量大、处理复杂而且人机交互密切的应用，我们一般采用 C/S 模式。而对于一些简单的图形展示、分析、搜索等则考虑使用 B/S 模式。

然而，在地理信息实际应用中，单一的模式通常无法满足应用的需要，故混合模式的 WebGIS 体系应运而生。"混合模式的网络 GIS 应用系统"是指采用 C/S 和 B/S 两种模式密切结合搭建的网络地理信息系统的应用系统，这种同时基于 C/S 模式和 B/S 模式的网络 GIS 系统一般应用在企业级别的应用领域。C/S 和 B/S 混合模式的优点在于：企业内部用户（C/S 模式）的交互性较强，数据查询和修改的相应速度较快，而外部用户（B/S 模式）不直接访问数据库服务器，从而能保证企业数据库的相对安全。

C/S 模式具有强大的事务处理能力、数据操作能力、严密的数据安全性和完整约束等特点，而 B/S 模式则具有系统容易集成、易于升级、维护工作量少、可以基于 Internet 的远程访问等特点。因此，我们采用 C/S 模式和 B/S 模式相结合的方式可以实现优势互补，使系统功能更加完善。目前，这种混合模式已经成为当今网络 GIS 应用系统搭建中的首选方案。

基于 C/S 模式与 B/S 模式的混合模式的 WebGIS 体系如图 2-7 所示。

混合模式的网络地理信息系统的应用系统根据实际应用的特点，对于不同的模块采用不同的模式，将 C/S 模式与 B/S 模式有机地结合在一起，对于交互量小的信息查询模块，多数采用 B/S 模式来实现，而对交互大、数据安全要求高的模块则普遍采用 C/S 模式。虽然系统实现模块采用不同模式，但各模块还是使用同一核心数据库。不同模式的模块在物理上可能根据内外网络进行隔离。不同模块以及数据库共同组合成混合模式的 WebGIS 应用系统。

下面就分析一下 C/S 架构与 B/S 架构各自的优缺点，具体地说，C/S 架构软件的优点与缺点如下[114]：

①C/S 架构下应用服务器运行数据负荷较轻[114]。

我们知道，一般 C/S 架构下的数据库应用可以由两个部分组成，第一个

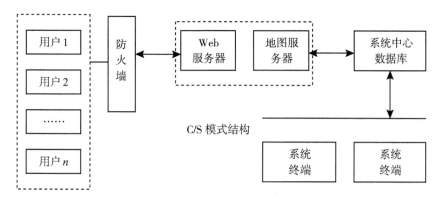

图 2-7 混合模式的网络 GIS 体系

部分对应于前台程序，也就是客户应用程序；第二个部分对应后台程序，即数据库服务器程序；前者是运行在客户自己的计算机上，我们称之为客户端，后者运行在服务器上，我们称之为应用服务器。两者之间的基本操作流程是：当客户端应用程序需要对服务器数据库进行数据查询、修改等操作时，首先它会根据配置的服务器信息搜寻服务器，一旦搜索到，则向其发出数据库操作请求，而服务器程序接收到此请求后，启动该请求所规定的操作来处理数据库，随后将处理的结果返回到客户端。因此，此时的服务器数据负荷比较轻。

②数据的储存管理功能较为透明[114]。

这种架构模式下，服务器程序和客户应用程序都能够分别地、相对独立地对数据库的数据存储进行管理，我们一般将在服务器程序中不集中运行的操作转移到客户应用程序上，这样，客户应用程序就可以通过建立相对自己来说比较透明的规则去完成这些操作，而无需考虑后台应用程序。从这方面讲，客户应用程序功能并不是很"瘦小"的，而且此时的数据库无法成为真正公共的、专业的数据仓库，它受到客户应用程序的管理。

③C/S 架构的劣势是高昂的维护成本且投资大[114]。

这种劣势主要表现在两个方面：一方面在 C/S 架构下，实现数据库数据的真正统一需要选择适当的数据库平台，借助它去维护分布两地的数据之间的一致性，即数据同步。逻辑上来说，两地操作者是可以通过直接访问同一个数据库来实现的，而采取这种方法，则需要搭建两地之间实时的网络通信环境，只有这样才能保持两地数据库服务器在线运行与数据通信，同时这种架构使得我们不仅要对服务器进行管理与维护，而且还要对客户端进行相应的管理与维护，由此带来了复杂的技术支持和增加了前期搭建与后期管理维护的成本。另一方面，体现在应用程序软件的升级方面，因为如果我们采用传统的 C/S 结构去开发应用程序，则必须考虑不同的操作系统，这不仅需要我们开发出适用于不同操作系统版本的应用软件，而且还必须不断地对这些版本的应用软件进行更新与维护。同时这种方式也面临着 B/S 架构的不断冲击。

下面阐述 B/S 架构下软件的优势和不足，这主要体现在以下三个方面：

①系统维护与升级方式简单。

当前，随着信息和数据交换的日益广泛，它们的表现方式和格式也千变万化，这使得我们需要不断地改进和升级管理这些信息和数据的软件系统，尽管借助网络我们可以通过智能在线升级的方式来对应用软件所在的计算机进行更新，但对于没有网络连接的计算机而言，我们只能通过人工的方式去更新，这大大降低了工作效率。B/S 架构的出现消除了这一问题，由于 B/S 模式下客户端大部分采用浏览器，它无需我们去做过多的维护，数据、软件及服务都配置在服务器上，只需针对用户的需求对服务器端上的软件和服务进行管理和维护，就可以完成系统和数据的升级与更新，这就形成了基于 B/S 架构下的"瘦"客户端和"胖"服务器。

②系统建设成本降低，选择范围广。

微软 Windows 是当前桌面电脑的主要操作系统，其 IE 浏览器也是绝大多数用户的标准网络客户端。然而服务器操作系统却多数采用 Linux 服务器，其优点是安全性高，使用经济等。从用户的角度来看，只需要关心浏览器的选择，而不需要知道服务器的操作系统。另外，Linux 操作系统是开源免费的，基于这种系统下的诸如 MySQL、PostgreSQL 等数据库都具有很高的性能，而且不收费，故采用这些可以大大降低这种架构下系统搭建的成本。

③应用服务器运行数据负荷较重。

现在 B/S 架构中网管人员主要通过浏览器对服务器进行管理，大多数事务逻辑在服务器端上实现，只有少量的事务逻辑需要在浏览器上实现。但是，这种操作模式造成应用服务器端运行的数据负荷较重。特别是如果发生服务器"崩溃"的情况，后果比较严重，通常需要建立双备份服务器。

2.3　栅格数据的网络传输理论

从客户端浏览媒体种类而言，传统的 WebGIS 主要倾向于传输栅格数据到客户端从而为互联网访问者提供地理信息。以客户端和服务器端两个部分组成的典型 WebGIS 而言，其图片传输的机制见图 2-8 传统栅格数据传输机制。

图 2-8　传统栅格数据传输机制示意图

如图 2-8 所示，当用户进行诸如平移、缩放、定位等地图操作时，客户端应用程序会根据用户动作向服务器请求工作区所需的地图范围内数据。地图服务器会根据客户端传送过来的地图工作区参数，对地图数据进行实时处理，将用户需要区域的矢量、栅格地图转换为图像后，传给客户端进行地图图片的显示。因为服务器将用户所需区域的地图转换为图片格式时耗费时间较长，而且随着访问者的增多，服务器将面临频繁的数据转换，同时传送到客户端进行显示，故这种传统的应用架构极大地影响了 WebGIS 中服务器端的响应速度，降低了用户的体验感。

结合图像网络传输的特点，从减少服务器端图片生成的时间，加快WebGIS 的响应速度目标出发，人们将基于金字塔模型数据结构应用到栅格数据组织中，通过预生成图片技术将图片实时生成所耗时间变为 0，从而节省时间，大大提高了 WebGIS 的响应速度。这种思想使得基于栅格数据的 WebGIS 技术逐步成熟并应用开来，当前在互联网上，各种基于这种思想的 WebGIS 如雨后春笋般成长起来，下面主要介绍基于这种模式下的栅格数据的网络传输方面的理论与方法。

金字塔是一种多分辨率层次（multi-resolution hierarchy）模型，严格地说，它是一种连续分辨率下的数据模型，考虑到实际构建金字塔时，难以获取分辨率连续变化的数据，而且这样做实际意义不大。故实际操作中，我们不采用分辨率连续变化的思路，而是采用间隔一定倍率来构建，从而形成多个分辨率下的层次数据；假定某一地区的表示地理范围不变，从这种模型的底层到顶层，其分辨率越来越低，我们可以通过下面公式表示各个层的分辨率。设最初的原始分辨率为 R_0，倍率为 m，那么第 i 层的分辨率 R_i 为：$R_i = R_0 \cdot m_i$。

当前，金字塔模型在实际中应用得非常广泛，例如文献[60]阐述了它在图像压缩方面的应用；文献[59]阐述了它在图像处理中的应用；文献[61][62]阐述了它在图像查询中的应用；文献[58][63][71]阐述了它在地形数据管理中的应用以及文献[58]阐述了它在地形可视化中的应用等。而且诸如 MrSID、TerraServer[42]、Terrashare[43]这些商业影像数据库管理软件系统被广泛地应用于影像的管理。同时也出现了金字塔模型下的改进模型，例如文献

[64]提出了一种称作聚类金字塔树的高位数据索引；文献[55]提出了一个全球层次结构模型。

2.3.1　栅格数据瓦片金字塔模型

目前，国家的基本比例尺分为：1∶500，1∶2000，1∶5000，1∶1万，1∶2.5万，1∶5万，1∶10万，1∶100万这几种，依照这个规定各个相关的测绘部门都在致力于这些基本比例尺下的数据生产、加工与应用。瓦片金字塔模型(如图2-9所示)借鉴了这种数据组织思想，它是一种多比例尺(或者说多分辨率)层次模型，它对数据的组织思想遵循人们对客观事物由远及近的认知过程，结合各种地理要素在不同比例尺下的分布特点及重要程度，按照一定规律形成一套多比例尺的空间数据，然后对每一比例尺下的空间数据按照一定规则从上至下从左至右进行分块输出，这样便生成每一比例尺下若干大小一致的图片块，从而形成了瓦片金字塔模型图片库。

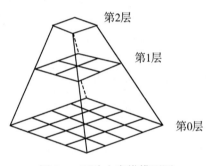

图 2-9　瓦片金字塔模型图

瓦片金字塔模型的构建思路如下：

①首先，确定地图地理范围和最大的比例尺 MaxLevel。

地图地理范围的确定其实就是划定整个地图显示空间界限，这样有助于后面显示比例尺的确定、地图图片的拓扑关系建立以及图片索引机制等。而所谓地图最大比例尺，就是指在 WebGIS 地图服务平台中，地图所显示放大后的最大比例，与传统 WebGIS 搭建的无级缩放机制不一样，采用瓦片金字塔模型是一种固定等级缩放的地图模型。

②其次，确定金字塔模型的层次结构 N。

简单地说，金字塔模型的层次就是指提供地图缩放级别的数量 N，当我们确定了地图显示的最大比例尺时，我们只确定了金字塔模型的底层，在此我们把缩放级别最低、地图比例尺最大的地图图片层，称为第 0 层，假定该层次下的地图比例尺为 levn，对于下一比例尺 levn−1 值的确定，我们一般采取 2 倍缩放的策略，即采取以下公式：

levn−1 = levn/2

当然也可以从视觉效果角度来确定地图下一比例尺，只不过后面分割中对栅格数据来说不是按 2×2 像素合成一个像素来分块，而是采取（levn /levn−1）×（levn /levn−1）像素合成一个像素来分块。

"2 倍率"金字塔具有如下性质：

性质 1：上层大小为下层大小的四分之一；

性质 2：上层分辨率数值为下层分辨率数值的 2 倍；

性质 3：每层表示的地面范围不变。

性质 1 是就像素个数而言的；性质 2 是就单个像素表示的区域大小而言的；性质 3 是就每层表示的地面范围而言的。我们可以用图 2-10 来形象地描述"2 倍率"金字塔的性质。

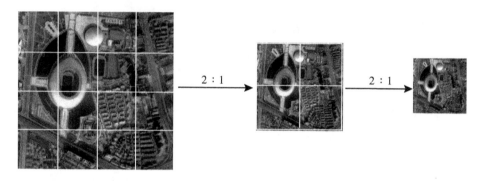

图 2-10　金字塔性质图解

因此，我们一般采取 2 倍的缩放比率来确定下一比例尺，从而确定最后的层次数量。

③最后，确定应用地图图片的分块法则。

分块的流程：从第 1 层开始，从地图图片的左上角开始，从左至右、从上到下进行切割，得到相同大小的正方形地图瓦片，形成第 1 层瓦片矩阵；而第 2 层是在第 1 层地图图片的基础上，按每 2×2 像素合成为一个像素，这样生成第 1 层地图图片，并对图片进行分块，分割成与下一层相同大小的正方形地图瓦片，从而形成第 1 层瓦片矩阵；按照上述的同样方法生成第 2 层瓦片矩阵……依次类推，直到第 $N-1$ 层，最终构成整个瓦片金字塔地图图片库。

2.3.2　瓦片栅格地图技术实现机制

在计算机图像技术、网络传输技术以及网络硬件环境的改善等多方面因素支持下，栅格图像的瓦片地图技术得以试用并推而广之。瓦片地图技术的实现模型如图 2-11 所示。

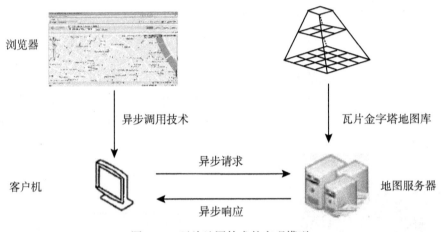

图 2-11　瓦片地图技术的实现模型

其实现模型主要包括两部分：

1. 建立服务器端的瓦片金字塔地图库

所谓瓦片金字塔地图库其实就是按照瓦片金字塔结构组织的，基于一定大小的栅格图像的地图图片文件集合。从数据源头上讲，这些地图图片主要来源于栅格空间数据、矢量空间数据，从数据生产的方式上讲分为：预生成地图图片库和动态地图图片生成。

预生成地图图片技术：按照相关瓦片金字塔图片切割算法，针对一定坐标系统下矢量数据或者栅格数据，按照一定的比例结构进行渲染并切割成相应比例尺下的小块地图图片，并将其复制到配置好的网络地图数据服务器上。

图片切割算法如下：

（1）参数定义

①地图等级为从 1 开始、行列数为从 0 开始的整数；

②地图范围的极值用 Y_{Max}，X_{Min}，X_{Max}，Y_{Min} 表示；

③用 x 表示横坐标差，y 表示纵坐标差；

④地图瓦片的命名一般采用包含地图等级、行列数的方式如"row_ column"，其中 row 和 column 分别表示当前切片所处的行数和列数。

（2）地图数量计算

设第一个等级地图为 m 行 n 列，则第 level 级的地图行列数如下：

行数：$m \times 2^{level-1}$，列数：$n \times 2^{level-1}$

（3）算法流程

算法流程如图 2-12 所示。

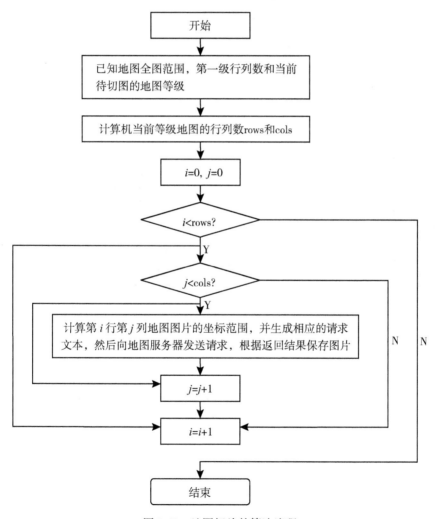

图 2-12　地图切片的算法流程

动态地图图片生成技术（如图 2-13 所示）：这种模式是由 WebGIS 的 CGI 方式发展并改进而成的，地图图片的渲染和生成是根据在线用户向服务器提交地图范围的请求后，由服务器动态生成并传递给客户端用户，只不过这种方式改变了以往 CGI 传递一整张图的模式，动态地生成当前用户需求下的规则分块地图图片，再将图片传递给客户端用户。另外，也有一种思想就是结合预生成地图图片技术，由于通过地图图片预生成技术生成图片需要比较长的时间，且图片更新不及时，结合这两种技术，改进了动态地图图片生成技术，即在动态地图图片生成前加入了图片查询，从而判断图片是否已经生成，如果已经生成则直接调用，否则生成图片放在服务器相应位置为下一个访问所属地图范围的用户调用，其结构图如图 2-14 所示。

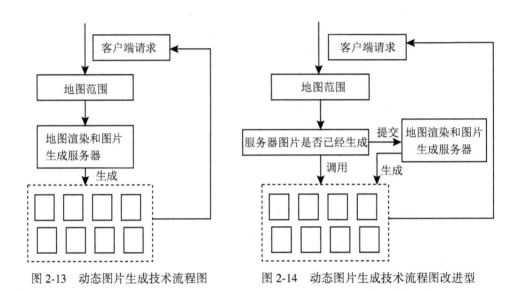

图 2-13 动态图片生成技术流程图　　　图 2-14 动态图片生成技术流程图改进型

两者方式的比较见表 2-1。

表 2-1 预生成地图图片技术、动态地图图片生成技术及 CGI 模式比较表

类　　别	响应时间	地图现势性	用户体验
预生成地图图片技术	快	滞后	好
动态地图图片生成技术	稍慢	强	中
（CGI 模式）	慢	强	差

2. 瓦片地图图片调用与显示机制

当用户操作地图需要显示某个范围(Extent)的地图时,借助于客户端软件,根据地理坐标与图片位置正反算公式即可计算出当前显示需要哪些图片,然后借助客户端技术将这些网络传输过来的图片无缝地拼接在一起,即可得到用户所需要的地图。目前,主要的 Web 地图服务商都是采用这种办法显示地图,从视觉上讲,这种方式让人感觉是一张连续的地图,其实在服务器端都是一张张命名规则的、尺寸相同的、预先切好的地图图片块,虽然格式(如JPEG、PNG 等)、客户端显示各不相同(有基于 Javascript,有基于 Flash),但都是借助预生成技术和界面友好的客户端提高了地图浏览速度和表现效果,改善了用户体验。

瓦片金字塔模型本质上是一个多分辨率层次模型,从实践中可以看出这种模型为网络地理信息应用系统中的地图数据服务提供了很大的方便。瓦片金字塔模型通过在不同缩放级别上分别建立不同分辨率的地图图片块,从而表现地形场景的细节层次,因此无需进行实时重渲染,可直接提供这些多分辨率的图像数据,提高了 WebGIS 应用系统的地图绘制效率。传统模式中,由于缺少瓦片金字塔模型,地图必须在空间地理数据的基础上进行实时渲染,这需要耗费大量时间和服务器端资源。虽然瓦片金字塔模型的缺点是增加了存储空间,但是却能够显著减少客户端显示地图所需的总时间,从而改善了用户体验。这也符合计算机研究中常见的一个基本思想,即用空间换取时间。随着 Web2.0 技术的发展,服务器端的瓦片金字塔地图库和客户端的 Ajax 技术还可以配合起来提升应用系统的整体性能,这是通过减少地理数据的访问量,提高地图服务器的输入输出效率实现的。瓦片金字塔模型的另外一个优点是从瓦片金字塔模型的底层到顶层,所切成的地图瓦片都是同样大小的。在客户端的地图显示窗口大小固定的情况下,窗口所显示的地图瓦片的数目可限制在某一数值范围之内。瓦片金字塔模型的这一特性可以使客户端对地图瓦片的客户请求数目不会出现大的波动,基本在一定范围之内,这也简化了客户端瓦片地图操作的实现。瓦片金字塔模型的这些特性都为 WebGIS 提供高效的地图服务平台创造了很好的技术基础。

2.3.3　瓦片栅格地图实验分析

目前浏览器支持 GIF、JPG、PNG 三种图片格式,下面以天津市电子地图数据为例,对相同坐标范围的矢量数据和影像数据采取同一大小规则切割成不同格式的尺寸进行分析,至于每个瓦片分块的大小,主要从以下三个方面加以考虑：

①客户端与服务器的交互通信次数。

②用户屏幕的分辨率。

③文件的磁盘存储与调用效率。

结合实际应用情况，地图瓦片分块的大小适宜选定为：256×256 像素。

本次地图矢量数据格式为 mapinfo 的 Tab 格式，借助于 mapbasic 程序输出图片，格式采用 mapinfo 自带的 GIF、JPG、PNG 图片输出接口。

1. 图片效果及格式

GIF、JPG 和 PNG 作为网络图像传输与展示的三种首选的格式，它们之间诸如背景透明、图形渐变、支持动画等特性的比较见表 2-2。

表 2-2　　　　　　　　　　三种图片格式比较表

特性	GIF	JPG	PNG
背景透明	是	否	是
图形渐变	是	否	是
支持动画	是	否	是
无损压缩	是	否	是
上百万种颜色	否	是	是
适用于线条	是	否	是
适用于照片	否	是	是

就地图展示而言，普通的矢量地图对于大区域面状主要是通过单一颜色填充来表现的，因而使得由矢量数据转为图片数据的时候，从图片存储格式上讲，这三种格式都比较适合，图 2-15 所示是同一地理位置下三种图片的效果，从图片视觉感受效果而言，这三种图片的表现效果相当。

2. 图片尺寸

以矢量数据为例，地图比例尺为：

以第 10 级(最大分割级数)，行数 1024，列数 1024，共计 1024×1024 = 1048576 张图片为例，详见表 2-3。

以第 9 级(最大分割级数)，行 512，列为 512，共计 512×512 = 262144 张图片为例，详见表 2-4。

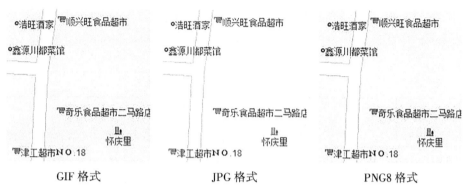

GIF 格式   JPG 格式   PNG8 格式

图 2-15　同一地理位置下三种图片格式效果

表 2-3　　　　　　　　　　第 10 级图片大小统计对照表及曲线

格式 范围(KB)	GIF	JPG	PNG8	
(0, 1]	0	0	959938	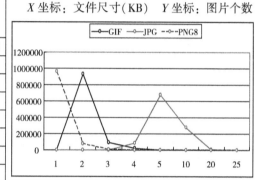
(1, 2]	927938	0	77098	
(2, 3]	93395	0	8758	
(3, 4]	22758	84535	1872	
(4, 5]	2678	678197	623	
(5, 10]	1023	277098	287	
(10, 20]	784	8562	0	
(20, 25]	0	184	0	

表 2-4　　　　　　　　　　第 9 级图片大小统计对照表及曲线

格式 范围(KB)	GIF	JPG	PNG8	
(0, 1]	0	0	223871	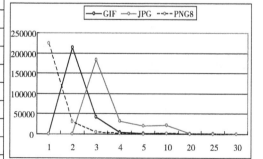
(1, 2]	213871	0	30777	
(2, 3]	42062	183223	4882	
(3, 4]	3785	31732	1200	
(4, 5]	1323	20841	472	
(5, 10]	872	22301	751	
(10, 20]	231	2072	191	
(20, 25]	0	1771	0	
(25, 30]	0	204	0	

以第 8 级(最大分割级数),行 256,列为 256,共计 256×256=65536 张图片为例,详见表 2-5。

表 2-5　　　　　　　　第 8 级图片大小统计对照表及曲线

范围(KB) 格式	GIF	JPG	PNG8	
(0, 1]	0	0	50292	*X* 坐标:文件尺寸(KB)　*Y* 坐标:图片个数
(1, 2]	49292	0	10323	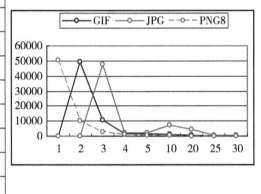
(2, 3]	10727	47879	2812	
(3, 4]	1835	2142	891	
(4, 5]	1941	2056	410	
(5, 10]	1212	7506	631	
(10, 20]	431	4693	177	
(20, 25]	98	572	0	
(25, 30]	0	688	0	

1~10 等级下,按 256×256 像素大小图片切割,不同格式的图片切割后的大小比较分析见表 2-6。

表 2-6　　　　　　　　同一大小瓦片不同格式文件大小比较

等级 格式	GIF (MB)	JPG (MB)	PNG8 (MB)	
1	0.027	0.092	0.023	*X* 坐标:等级　*Y* 坐标:文件总大小(MB)
2	0.084	0.43	0.071	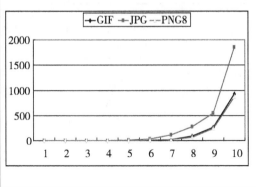
3	0.42	1.15	0.30	
4	1.67	4.57	1.26	
5	4.35	11.2	3.22	
6	10.3	34.1	9.06	
7	26.2	112.6	24.5	
8	96.3	283	70.6	
9	269	548	237	
10	928	1846	865	

从以上对照表和曲线图我们可以看出，在电子地图中，面状要素主要采用单色填充，而线状要素颜色比较单一，点状符号尽管颜色丰富，但因其受大小限制，所以使得每一张图片的颜色数比较少，从而能充分发挥 GIF、PNG 图像格式的优点，使得这两种格式的地图图片文件较小，JPG 则比较大。比较中我们可以得知 PNG 稍微比 GIF 小些，而且 PNG 具有颜色丰富的优点，图片效果与 GIF 相比稍微好些，所以在矢量数据转栅格瓦片图片的格式选择中，建议选择 PNG 格式。需要说明的是，在把航空拍摄的影像切割成瓦片图像块时，则实验中结果与上述相反，应选择 JPG 格式。

3. 网络传输性能测试

本次测试的环境是基于 http：//www. geotj. cn 网站下的瓦片电子地图（分块尺寸为 256×256）进行的，该网站搭建的硬件环境是 3 台服务器，采用三层模式搭建，具体的参数见后文第五章的实验部分，在此不做赘述，测试配置环境如下：

①服务器环境：三台基于 Apache2. 2. 11 带负载均衡的 Web 服务器。

②服务器网络环境：10 兆独享联通互联网光纤。

③测试软件：本次测试所采用的测试软件是 Httpwath7. 0 profressional edition 版本。

④客户端及上网环境：Windows7 操作系统，IE8 浏览器，1M 的 ASDL 线路。

⑤测试方法：通过软件事先随机产生一些坐标点，依次用这些点在客户端模拟单个用户的平移、放大和缩小操作，用户动作间隔设定为 5s。测试软件记录每次操作的开始时间和完成时间，进而计算得到每个操作所耗费的时间（表 2-7）。为了提高测试结果可信度，每次测试设定用户分别进行 1000 次平移、缩放操作，计算平均每块图片的耗时，如图 2-16 所示。

表 2-7　　　　　　　　　图片文件大小不同下瓦片测试表

文件大小（KB）	平移（ms）	放大（ms）	缩小（ms）
（0，2]	154	158	156
（2，4]	157	163	162
（4，6]	165	174	176
（6，8]	172	179	182
（8，10]	231	242	243

续表

文件大小（KB）	平移（ms）	放大（ms）	缩小（ms）
（10, 12]	557	601	652
（12, 14]	664	690	687
（14, 16]	703	742	735
（16, 18]	956	976	978
（18, 20]	1025	1125	1135
（20, 22]	1130	1235	1189
（22, 24]	1198	1285	1298
（24, 26]	1310	1389	1386
（26, 28]	1410	1506	1536
（28, 30]	1632	1712	1732
（30, 32]	1652	1841	1847
（32, 34]	1682	1867	1893
（34, 36]	1823	2024	2088
（36, 38]	2100	2468	2499
（38, 40]	2456	2659	2729

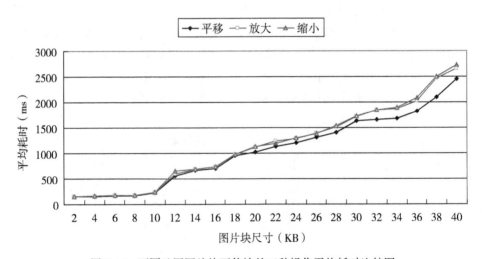

图 2-16　不同地图图片块下传输的三种操作平均耗时比较图

本次测试排除了缓存调用的情况，测试是在互联网上进行的，通过将所有图片块数据事先用一定大小测试范围的数据来进行，例如(0，2]的数据块，就意味着测试的每块数据都分布在 1.5KB 左右。在测试中也考虑到人对地图显示的体验感受，当地图图片块尺寸分布在 34KB 以下的时候，地图的刷新和显示还是非常流畅的，当高过 36KB 以后，地图显示就开始慢了，用户体验开始下降。因此，我们从中可以得出这样的结论：采用 256×256 分块的地图图片，只要将地图图片块(数据增量)控制在 34KB 就可以非常理想地在互联网上传输并显示地图数据。

基于栅格数据瓦片金字塔模型下的地图图片技术解决了栅格数据网络传输与客户端显示的问题，但是在实际应用中，这种机制建立起来的网络地理信息系统存在数据精度低、地图要素无法编辑与修改、地图图片数据更新耗时长以及空间分析功能难以实现等诸多问题，而这些问题在矢量数据可以得到很好的解决，结合栅格数据瓦片金字塔模型的思想，本书在第三章提出了一种层次增量分块矢量数据模型，通过建立基于这种模型下的矢量数据来提高矢量数据的网络传输与显示效率。

2.4 矢量数据网络渐进式传输理论

矢量数据在实际应用中拥有栅格数据无法比拟的优势，因此，无数研究工作者一直致力于研究矢量数据的网络方面的应用领域，总的来说基于矢量数据网络方面的研究可以归纳为两种。一种就是通过客户端 GIS 软件的下载模块将矢量数据从服务器端一次性下载到客户端，然后再打开使用。这种传统的基于网络方面的矢量数据应用主要借鉴了桌面 GIS 软件搭建的思想，通用的桌面 GIS 软件采取将所需要的矢量数据按照一定的空间数据结构一次性读入到内存，然后再对矢量数据进行各种空间运算和分析，网络 GIS 研究的初期，研究者将这种思想引入到网络矢量数据的应用，通过在 GIS 软件前端加上矢量数据的下载模块，形成了最初的矢量数据网络地理信息系统，其结构如图 2-17所示。

传统的这种矢量网络地理信息系统由于不仅需要下载客户端，而且还要一次性下载矢量数据，在目前带宽有限的条件下，数据下载需要耗费一定的时间，从而使得这种方式给用户的体验非常不理想。因此，一种新的矢量空间数据传输思想——矢量数据网络渐进传输思想，逐渐出现并成为目前研究的主流和焦点之一。

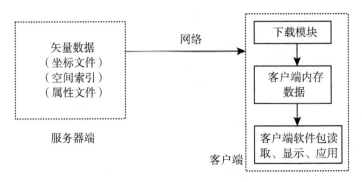

图 2-17　传统的矢量网络地理信息结构图

2.4.1　矢量数据网络渐进式传输概述

渐进式传输是基于网络的一种新型数据传输方式，通过将连续的数据信息经过特殊的压缩和组织从而分成一个个数据包，在用户计算机的请求下由服务器通过网络连续、实时地传送给用户计算机，而且用户不需要等待全部数据下载完就能使用，用户可以边下载边使用。

栅格图像网络传输方面，渐近传输技术的应用可以有效降低网络负担，并改善用户图像可视化效果，它的基本思想是先传输图像的轮廓，然后逐步传输细部数据，不断提高图像的质量，使图像显示逐渐由朦胧变为清晰。目前，这种基于栅格图像的网络渐进式传输技术已经发展得比较成熟，并在互联网上得到了广泛的应用，最新的 JPEG2000 图像数据标准就支持渐近式传输。

现实生活中渐进式传输的一个典型应用表现在在线收看或者收听网络视频、音频节目。当用户将一个特定节目请求通过网络发送给媒体服务器时，用户只需等待大约十几秒左右的时间，就能开始看到或者听到该多媒体节目，并且只要用户不主动终止收听或者收看，该多媒体节目会一直连续播放下去，直到播放完该节目。这其中就用到了数据渐进式传输，它使得多媒体节目能边下载边播放。与传统传输方式相比，这种传输方式大大缩短了用户的等待时间，提高了传输的效率，改善了用户体验。

矢量空间数据的渐进式传输是网络环境下多分辨率矢量空间数据组织、传输与表达的过程，也就是按照客户端用户对矢量空间数据请求，将矢量空间数据由低分辨率下的概略表达向高分辨率下详细表达的逐渐传输与转变过程。可以将其看作是地图综合的逆过程，如果我们将制图综合的中间过程对数据做完整的记录，也就是将每一次减少的矢量数据细节信息依次记录下来。这样处理后，就可以获得某一概略表达和一系列细节增量的集合的矢量数据，这两类数据集合就构成了原始的矢量数据。在概略数据表达的基础上，按照一定的规则对细节增量数据进行网络传输并叠加显示，这就实现了矢量数据的渐进式传输。

从数据传输技术策略方面而言，矢量数据的渐进式传输主要受到以下三个方面的制约：

①服务器端矢量数据的组织存储模型。

②矢量数据的网络传输模式。

③矢量数据在客户端的重建机制。

2.4.2 矢量数据的流媒体传输模式

网络技术是从 20 世纪 90 年代中期发展起来的新技术，它把互联网上分散的资源融合为一个有机整体，实现资源的全面共享和有机协作，使人们能够透明地使用资源并按需获取和交换信息。最初的应用主要通过文本传输协议来传输文本信息，而传统多媒体技术则是指在传统的网络（Internet/Intranet）环境下进行多媒体信息传输的技术，这种技术没有独立的传输协议和编/解码机制，它只是使用了与文本传输相同的协议和共同的编/解码机制，存储于与文本相同的服务器上，这些弊端使得多媒体文件传像文本信息传输那样需要全部下载到客户端后才能观看，其传输系统结构图如图 2-18 所示。

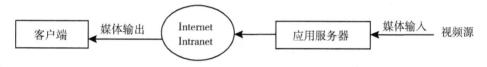

图 2-18　传统多媒体信息传输系统结构图

流媒体又叫流式媒体，它是指在 Internet/Intranet 中使用流式传输技术的连续时基媒体，例如视频、音频或多媒体文件都属于流媒体。目前，随着互联网的迅速发展，流媒体技术在在线直播、多媒体新闻发布、实时视频会议、网络广告、视频点播、网络电台、电子商务、远程教育、远程医疗等方面得到了更为广泛的应用，它的出现深深地影响着人们的工作和生活，改变了传统的多媒体网络信息交流的模式。流媒体技术是建立在网络通信、多媒体数据采集、多媒体数据压缩、多媒体数据存储和多媒体数据传输等基础技术之上的技术。

　　基于网络的流媒体传输主要是通过流式传输来实现的，流式传输的定义较为广泛，目前我们谈到流式传输主要是指通过网络传送媒体（如音频、视频等）的技术总称。其实质就是将影视节目通过互联网传输到用户客户端，即类似音频、视频等基媒体数据由音/视频服务器连续地、实时地传输到客户端用户，这种传输使得用户无需等整个文件全部下载完毕再观看，用户只需在开始时等待几秒或十几秒的启动延时就能进行观看，而且观看中，这些基媒体数据流是随时传送、随时播放的。其传输系统结构图如图 2-19 所示。

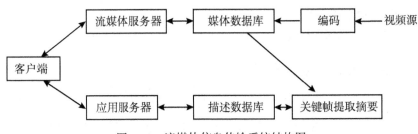

图 2-19　流媒体信息传输系统结构图

　　实现流式传输主要有实时流式传输（Real-time Streaming）和顺序流式传输（Progressive Streaming）两种方法，流式传输比较适合视频为实时广播的情况，在应用如 RTSP 的实时协议的时候也是实时流式传输；使用 HTTP 服务器是通过顺序流发送，采用哪种传输方法依赖于具体需求。流式传输的优点：显著地缩短了启动延时，减少了缓存容量，不需要等待整个文件全部从网络上下载才能观看。二者在传输技术与传输性能方面的比较详见表 2-8 和表 2-9。

表 2-8　　　　　　　　　　**实时流式传输和顺序流式传输技术比较**

	传统网络多媒体技术	流媒体技术
传输方式	文本、多媒体信息不分离	文本、多媒体信息分别传输
媒体播放方式	下载后播放	顺序播放、实时播放
传输协议	常用协议：HTTP \ TCP \ SMTP \ POP \ IMSP 等	新建协议：RTP \ RTSP \ RTCP \ RSVP；其他专用 medianet 协议
压缩标准	JPEG、MPEG1、MPEG2 等	MPEG4、MPEG7 系列；Realvideo \ RealAudio \ WindowsMedia
网络带宽	高带宽、低带宽	高带宽

续表

	传统网络多媒体技术	流媒体技术
文件格式	CI-550，VCD 标准等对应的早期格式	Real 的 RealMedia；微软高级流格式 ASF；QuickTime 电影格式；Flash 格式

表 2-9　　　　　　　　　　**实时流式传输和顺序流式传输性能比较**

	传统网络多媒体技术	流媒体技术
实时控制	较难实现	简单易行，控制方便
传输延时	延迟长，非常明显	延迟短
用户交互性	差	好
传输速率	很低	显著提高
媒体服务质量	低	高

　　流媒体传输作为一种新型的网络数据传输技术，与传统媒体传输相比，它具有高效、自适应、交互性好等特点，在视频、音频等大数据量文件的网络传输得到广泛应用，二者的传输流程分别如图 2-20、图 2-21 所示。网络地图渐进式传输从本质上说是一种空间尺度到时间尺度的映射转换。这种变化如果需要获得较高空间分辨率的传输，往往需要很长时间。为了节省传输时间，我们可以应用视频、动画技术的流媒体传输、数据压缩策略等，提高矢量地图的流媒体渐进式传输效率。

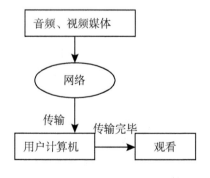

图 2-20　传统媒体传输流程图

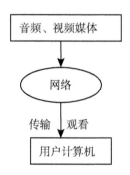

图 2-21　流媒体传输流程图

在地图学和地理信息科学领域，研究人员基于地图综合理论和技术，研究了网络环境下矢量空间数据的多尺度表达及流媒体传输，例如，Buttenfield[17]在"数字图书馆"课题的研究中重点关注了按需所求的空间信息处理问题的研究，采取LOD技术将服务器端矢量数据组织成多层次结构，在这种结构的支持下，从而实现矢量数据下载的渐进式传输；汉诺威大学的Monica Sester[20]根据连续性综合的概念，建立了服务器/终端流媒体的城市建筑物传输机制；从地图综合角度出发，苏黎士工业大学的Robertweibel[23]提出了多比例尺表达数据组织策略来加快矢量数据的网络传输。

因此，在进行矢量空间数据流媒体传输的时候，需要从地图综合理论和技术出发，通过对矢量数据进行制图综合处理，建立空间数据累积增量模型，再通过"分割打包"策略来控制传输的粒度，最后通过流模式传输，从而将矢量数据以渐进式传输模式传输到客户端，客户端接收矢量数据后将其在屏幕上绘制出来。

2.4.3　服务器端矢量数据的组织

简单地说，矢量数据传输就是将矢量数据从服务器端传输到应用客户端，这是一个一对多的关系，众多的互联网授权内的用户在一定条件下向数据服务器请求矢量数据，服务器在用户的请求下必须以最短的时间向客户端传输数据。矢量数据的渐进模式改变了传统的矢量数据一次性全部下载的方式，对服务器端矢量数据的组织提出了更高的要求。

目前，为了使矢量数据的渐进式传输达到一个比较好的效果，研究的方向主要是通过建立层次增量变化累积模型来控制矢量空间数据传输的粒度，从而均衡图形传输与显示两方面。

1. 空间数据粒度

空间矢量数据由要素层、目标层以及几何细节层构成。要素层包括相同语义特征的目标，目标是构成要素的基本单位，也是具有独立地理含义的实体；而几何细节则是构成目标的基本单位，实际上它是几何表达上的划分的结构体，如组成面状目标的三角形剖分单元、构成河流目标的"弯曲"特征等。

基于上述这三个层次，在矢量空间数据渐进式传输的过程中，矢量数据表达发生变化的主体也对应着三个层次[16]，依次为要素层、目标层和几何细节层，这三个层次形成不同的矢量空间数据变化粒度，下面简要介绍一下这三个层次。

（1）要素层

这一层上的变化粒度是最高层次，主要的问题是：在普通地图中，对不同要素层之间的参考重要性比较无法进行差距排序。然而在专题地图中，这个问题的解决相对简单，可以根据专题确定各要素的重要性并排序。根据排序结果重要的要素先进行传输。

（2）目标层

在要素层之下，目标可以较为方便地根据它所表达的重要性进行排序，依靠地图综合技术中的"选取"算子来建立目标与表达尺度之间的函数关系。"选取"算子主要根据客户端的显示尺度进行相应的判断，显示等级高、重要性大、够资格的目标，用完整的目标图形来描述变化的对象。

（3）几何细节层

几何细节层具有最为细腻的变化粒度。目前主要通过地图综合技术中的"化简"算子实现几何细节层的多尺度数据组织。随着数据的叠加，目标的几何细节呈现逐步演变，类似连续变化的过程。

2. 层次增量累积思想

地理信息系统的地图展示不同于纸质地图的展示方式，地理信息系统按照地图的逐级放大，所展示的地物要素的详细程度逐步增强，从而给用户带来由粗略到详细的展示过程。尽管相对于栅格数据而言，矢量数据量较小，但就目前网络带宽来说，还不足以满足矢量数据普通的传输模式，因此需要对矢量数据采取新的模型组织机制来加快它在网络方面的传输。

矢量数据传输经过这些年的研究，逐步建立了矢量数据渐进式传输的相关理论并进行了相关的实验，在服务器端数据组织方面，主要采用层次增量累积思想，通过各种模型或者算法建立基于这一思想的矢量数据，然后通过网络传输来实现矢量数据的渐进式传输。

与传统的完整数据表达方式不同，层次增量累积思想解释如下[85]：从初级概略矢量数据出发，根据其连续表达尺度间的变化差异存储记录，设空间数据的初始表达状态为 A_0，相邻尺度下的两种表达状态 A_i 和 A_{i+1} 间的变化为 ΔA_i，则第 i 尺度下的数据状态是一系列变化的累积，可表达为：

$$A_i = A_{i-1} + \Delta A_{i-1} = A_0 + \Delta A_0 + \Delta A_1 + \Delta A_2 + \cdots + \Delta A_{i-1}$$

$\{A_i\}$ 这个序列表示了空间数据逐步精细化的过程；每个表达状态 A_i 是空间尺度的函数；表达变化 ΔA_i 是 A_i 在空间尺度 C_i 处的一阶微分，基于变化累积模型，变化单元累积得越多，目标的表达越接近真实，拟合表达的精度越高。

上述表达式说明任意尺度下的矢量数据的表达可通过数据变化的累积与叠加来实现，因此这种模型称为"初级尺度变化累积模型[85]"，这是一种顾及尺度特征的空间表达的新型数据模型。前面提到的初级尺度实际上可以理解成小比例尺低分辨率下的矢量数据的粗糙表达状态，在实际应用中，还存在其他比例尺较大的空间数据表达情况，同样可以采用以上层次累积原理。大比例尺情况下，空间数据累积的变化部分更多，对目标要素的表达就更加完备与真实。

要搭建基于层次增量累积思想下的矢量数据需要解决以下几个关键性的问题[17]：

①如何提取相邻尺度表达之间的"变化"数据，即尺度之间的数据变化增量。

②通过何种方式建立"变化"组合的线性结构。

③制定"变化"绑定实现一定"粒度"的划分的应用规则。

④客户端如何体现恢复"变化"累积后真实表达。

2.4.4　客户端矢量数据的重建

通过渐进式传输可以较好地解决矢量数据的网络传输问题，减少用户等待的时间。但矢量数据到达客户端后则需要解决矢量数据显示问题，其实就是矢量数据的重建问题，点的重建比较简单，面的重建可以归属于线之列，因此，客户端矢量数据的重建实质上就是线由抽象轮廓到详细细节的渐变重建的过程，它是曲线多分辨率分解的逆过程。

目前，客户端矢量数据的重建主要通过曲线增量数据和化简曲线数据集成的思想[85]来恢复高分辨率曲线的原始形态，如图 2-22 所示[16]。

图 2-22　曲线数据集成的思想

曲线增量数据和化简曲线数据的集成主要通过内插增量点[85]来实现，大致来说，曲线经过多分辨率分解后，某些部分被化简为直线，因此只要将这部分被化简的曲线插入到化简后的直线处就可以恢复曲线数据。增量数据结构中的每条增量曲线对应相应比例尺下的曲线增量和一条化简直线段，通过点位置索引数组就可以记录每个点在相应线段上的位置，从而通过曲线内插点的思想来完成曲线增量和对应化简曲线的集成。

2.4.5 矢量地图渐进式传输特点

矢量空间数据的渐进式传输是一种新型的网络矢量数据传输方式，较之传统的矢量数据网络传输，这种传输方式充分利用矢量空间数据的多尺度多分辨率特征，可以非常有效地实现矢量空间数据表达从粗糙到精细的渐进式传输和可视化过程。与以往传统的矢量数据传输方式相比，矢量数据渐进式传输的优势主要包括以下三个方面[17]：

①渐进式传输是自适应的传输。

该技术根据用户对数据传输的需要，如比例尺和分辨率来实现数据传输。在用户只要求较低数据分辨率浏览的情况下，则只传输概略数据。在用户需要更详细信息的情况下，可以放大该区域，则进一步传输细节数据，同之前的概略数据叠加在一起，实现符合用户所需要的空间表达。

②渐进式传输有利于增加用户的地图体验。

由于采用了"边传输，边显示"的传输策略，数据是在传输的同时也显示出来，用户在进行地图浏览的时候并没有感觉数据传输的等待。首先，渐进式传输先传输并显示概略表达的较小数据量，然后逐步在其基础上叠加细节数据，从而在用户的角度上形成不需要等待的视觉感受，显著改善了用户的地图浏览体验。

③渐进式传输充分考虑了用户的交互，能起到信息导航的作用。

这可以表现在传输过程中，用户可以根据当前数据是否满足需求来决定是否停止数据传输。有效避免不必要的数据传输。同时渐进式传输技术充分考虑了用户对空间现象的认知规律，这种规律遵循从总体到局部、从重要到次要、从概略到细微的层次顺序原则。通过从概略到细节的数据传输和地图浏览，渐进式传输可实现大范围概略到局部细节信息的灵活动态表现。在这种模式下，用户可以对感兴趣的区域进行认知转移，可以快速导航到用户截取感兴趣的局部区域，并深入浏览地图细节内容。

2.5 本章小结

本章首先简要地介绍了空间数据的基本数据结构及组织方式，阐述当前WebGIS搭建的基本特征，分析了其实现的技术模式及体系结构，同时通过实验得出了基于瓦片金字塔模型下栅格 WebGIS 的实现机制，同时指出这种栅格数据的传输在实际应用中存在的诸如数据编辑、更新等方面问题；接着，通过对矢量数据网络传输的研究现状、理论和方向方面的探讨，指出目前基于矢量数据的网络传输所面临的问题。通过对栅格图片数据 WebGIS 的实验和分析，得出实现矢量数据传输的另外一种思路。

第三章　地图缓存与层次增量分块矢量数据组织

矢量数据的网络传输主要依赖三个方面的因素：服务器端数据的组织、矢量数据的传输、客户端矢量数据的重建。本章将从其中的服务器端数据组织和客户端矢量数据的重建两个方面阐述如何将缓存技术应用到矢量数据传输中以减少矢量数据的重复传输；同时阐述了基于文件的线性四叉树索引，提出层次增量分块矢量模型的数据组织思想，并给出相应的文件存储规则和矢量图形剪裁分块算法，通过这种思想将矢量数据化整为零，分块处理后，客户端在请求矢量数据时，服务器只需将基于这种模型下最小的矢量数据传输给客户端就可以满足用户的需求。同时，本章也介绍了客户端中基于点、线、面三种矢量块的融合处理的问题。

3.1　网络地图缓存技术

目前，在基于网络搭建的应用系统中，影响网络数据存取效率的因素主要有两个：一个是数据网络的传输效率，另一个是数据的存储效率。即使目前互联网已经发展到 Web 2.0 时代，网络硬件和软件技术都取得了很大的进步，这一问题依然存在。这种情况在网络地理信息系统应用领域也依然存在。

在当前 WebGIS 应用系统中，由于空间数据访问的局部性和位置相关性，从系统性能和用户体验方面考虑，GIS 研究者开始将缓存技术引入到基于 Web 上的 GIS 搭建工作中，而且随着研究的不断深入，缓存技术已经逐步成为网络地理信息系统应用与研究的重要组成部分。在网络带宽和网络速度有限的情况下，本地数据访问的速度远远高于通过网络对数据的访问，这也是 WebGIS 系统与普通 GIS 系统在数据读取方面的重要差异，同时这也影响到了地理空间数据在分布式环境中发布与共享方面的应用。

考虑到 WebGIS 对空间数据访问具有局部性和位置相关性方面的特点，借助于客户端缓存机制，通过在本地建立空间数据的缓存，把刚刚从 Web 服务器中得到的空间数据暂时存储在本地硬盘上，当用户在有效时间范围内再次访问上述数据时，客户端软件（或浏览器）就可以直接读取本地缓存中的数据，无须再次通过网络访问并下载这些空间数据。这不仅减少了对服务器的多次重复性请求访问，而且大大缩短了访问的时间，提高了访问的效率。

Web 缓存位于 Web 服务器之间（1 个或多个，内容源服务器）和客户端之间（1 个或多个）：缓存会根据进来的请求，保存输出内容的副本，例如 HTML 页面、文本、图片（统称为副本）等，同时如果下一个请求来到，若是相同的 URL，缓存直接使用副本响应访问请求，而不是向源服务器再次发送请求。

3.1.1　缓存的存储方式

缓存从其工作原理上可以划分为读、写两个方面，所谓读缓存实际上就是将文件内容预读到内存中，在读操作之前，先检查文件是否在缓存中，此过程术语称为"命中"，若没有"命中"的话，则再从硬盘中读取文件，这里的命中率在应用中占有极其重要的位置，命中率分为顺序读取、随机读取两种命中率。从计算机理论角度来说，我们可以把 CPU 的高速缓存看作是物理内存的读缓存，两者的容量之比一般是 1∶1000 左右。CPU 的高速缓存的命中率一般不低于 80%，因此，我们知道，只需很小的缓存就能使顺序读取的命中率达到很高数值，而随机读取的命中率，从概率论角度可以获知，1G 的内容要达到 80% 的命中率需要 800M 的缓存，因而，随机缓存需要极大的缓存才能做到较高的命中率。

在实际应用中，顺序读取的发生频率要比随机读写的多几个数量级，故采取更好的缓存算法提高顺序读写的命中率是读缓存的发展方向，单纯地提升缓存的大小已无法提升读得性能。

写缓存其实就是在写入文件之前，先把要写入的内容写到内存中，等积累到一定的量后，再写入到实际文件中。因此，写缓存没有命中率的说法。

结合缓存的工作原理，我们可以将缓存从存储方式划分为三类，分别是内存缓存、文件缓存和内存文件缓存。下面分析一下它们的优缺点。

1. 内存缓存

内存缓存是指程序执行中通过开辟一定大小的缓存空间，诸如动态或者结构型数组，直接读取数据库或数据文件中的 GIS 数据，并将它们存入内存中，为后面的空间数据应用作准本，其优点表现在以下两个方面：

①缓存的容量受系统的限制小，它随系统虚拟内存的大小而变化。

②数据可以直接被访问和利用，减少了中间数据转换的环节，提高了

效率。

当然，内存缓存也有一定的局限性，具体表现在以下三个方面：

①虚拟内存如果被大量占用，会在一定程度上会降低计算机系统性能。

②多次运行的同一程序无法共享存在于缓存中的各种数据，从而造成数据资源的重复加载。

③同时运行的应用程序间无法共享内存中已经存在的同一数据。

2. 文件缓存

文件缓存是指当内存缓存的容量超过一定限额或应用程序结束时，将一些GIS 数据存储到文件中，一旦程序下次需要访问时，便快速地将其读入到内存。这种缓存的优势有以下两点：

①同一应用程序，在多次运行时可以充分利用并共享缓存中的数据信息。

②占用虚拟内存少，保证了系统的高性能运行。

文件缓存的不足主要体现在同一个应用程序同时运行多个实例或者同一数据被多个应用程序同时访问时，各个实例都需要在内存中保留一份相同的数据副本，由于它们对数据副本的修改不同，从而需要我们采取一定的策略来维护各个副本及文件缓存的一致性，这种情况增加了数据操作的复杂性。

3. 内存文件缓存

文件的外部存储和读入到内存后的访问统一起来就形成内存文件缓存方式，这种技术通过系统按照约定的统一调度策略来完成从文件中读取数据或将内存数据写回到文件的任务，它只针对内存数据进行操作。它的优点表现在以下几个方面：

①如果内存文件处于打开状态，我们就可以将其作为内存来访问，当它关闭时，它就是磁盘上的文件，这种处理方式不仅减少了文件系统与内存系统之间有关数据的转换，而且在不占用虚拟资源的前提下，长时间保存缓存中的数据。

②这种缓存方式在实现数据共享访问时，不用在应用程序间考虑数据副本一致性维护的问题。

这种缓存方式的缺点主要体现在以下两个方面：

①增加了软件编程的复杂性，由于缓存中的数据以文件的形式保存，当打开内存文件时，系统会为其映射到一个相应的基地址，这样，当多次打开同一个内存文件时，会产生多个映射的基地址，而且这些基地址一般并不相同，数据的内存地址也发生了相应的变化，这使得我们很难用数据指针去维护和表达数据间的关系，只能通过数组下标来访问数据，因而数据访问的时间消耗，降

低了程序执行效率。

②读取时容易产生数据垃圾，从而导致冗余数据的生成，因此，多个应用程序共享访问缓存里的内存文件时，必须采取一定的策略来避免此时产生的冗余数据。

为了发挥这三种策略各自的优点，减少它们自身不足带来的不良影响，在目前的 WebGIS 开发与应用中，一般综合使用这三种策略，从而更好地提高 WebGIS 的服务效率。

3.1.2　Web 服务器端缓存机制

与客户端缓存相比，服务器端缓存(如图 3-1)能具有更大的灵活性、能节省带宽和加速数据的网络传输等特点。服务器端缓存的基本思路是：服务器在高速缓存阶段收到的任何请求，返回的都是相同的页面或者数据，但是如果数据在高速缓存时间过后，旧的高速缓存中的数据就会释放，用新的数据或内容生成一个新页面内容，然后页面内容会按要求的时间高速缓存下来，循环重新开始。

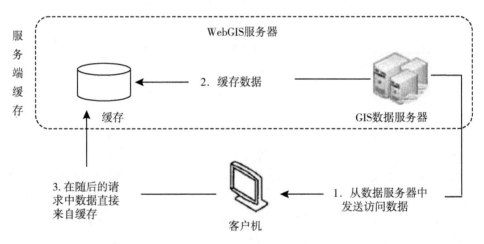

图 3-1　Web 服务器端缓存

考虑到目前服务器端缓存的特点以及当前的缓存技术，结合 WebGIS 访问的特点，我们主要从服务器端方面将缓存技术应用到数据缓存方面，具体而言表现在两个方面：

①Apache mod_proxy 的反向代理缓存[95]加速运用。

②基于 Hibert 编码的服务器端分布式文件缓存。

3.1.3 客户端缓存机制

目前，在 Internet 应用中，客户端缓存技术应用最为广泛的当属客户端浏览器程序，尽管当前浏览器应用程序各种各样，但它们都允许用户在本地内存或本地硬盘中缓存访问过的网页数据，例如：HTML 网页脚本、Flash 动画、图片以及声音等，一般来说浏览器缓存空间大小还可以由用户手动配置。一般而言，当用户第一次向 Web 服务器发送请求相关资源时，它便将请求来的内容以文件形式存储到用户本地硬盘上，如果用户稍后再次请求这些内容，浏览器首先到自己的缓存区去查找，如果有缓存副本存在且没有过期标识，则直接打开它而避免再次从 Internet 上传输下载，从而减少传输的过程，加快了浏览速度；反之，若未找到，则需通过 URL 地址去请求服务器相应的资源。

浏览器这种缓存是在客户端进行的，用户计算机存储其中需要的缓存数据，而且这一缓存是由浏览器发起并管理。服务器端缓存则是由服务器使用服务器资源进行管理的，当然浏览器是无法控制服务器端缓存。其实这种浏览器缓存运用有两个方面的好处：①当资源第一次被下载到客户端后，在时效范围内，用户无需再向服务器发送请求并重复下载；②一定环境和条件下，无需网络连接就可以实现脱机浏览或使用。客户端缓存如图 3-2 所示。

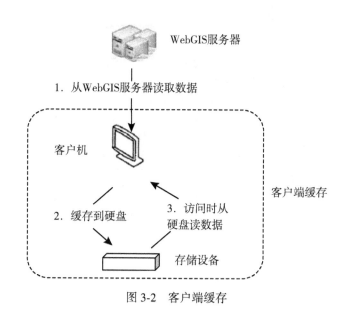

图 3-2　客户端缓存

3.2 基于文件的线性四叉树索引

3.2.1 三种坐标系统概述

考虑到后面使用了坐标映射的相关理论和方法，在这里先介绍矢量数据组织中所使用的坐标系统，本研究实验中用了三种坐标系统：地理坐标、像素坐标和网格坐标，三个坐标系统如图 3-3 所示。

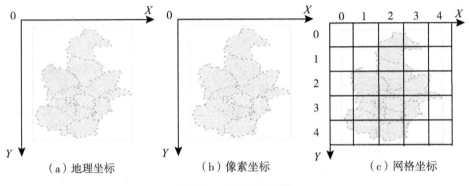

（a）地理坐标　　　（b）像素坐标　　　（c）网格坐标

图 3-3　三种坐标系统

理论上讲，地理坐标是指用经度、纬度表示地面点位置的球面坐标，在本次实验中我们采用天津市电子地图数据，它的地理坐标是根据天津市区域的范围而自行建立的坐标系统，坐标系的原点位于所表示的天津市区域范围的最小外截矩形的左上角，X 轴水平向右，Y 轴垂直向下，单位为度，地理坐标量度的是实际地理区域的空间范围，在这里我们选取天津市 CGS2000 坐标示意图，如图 3-4 所示。

像素坐标是根据图像和计算机屏幕两者的因素而提出的，同样矢量数据的绘制最终也是通过转化，从而映射到屏幕像素坐标系上绘制实现的，将比例尺作为转换的中间参数，我们根据由矢量数据向屏幕像素转换的方法建立像素坐标系统，这种坐标系的原点位于地图的左下角，X 轴水平向右，Y 轴垂直向下，其单位是像素。矢量数据是根据实际地理范围按照一定比例缩放后绘制而成的，地图上一段微小线段的长度，与实地相应线段 L 的水平长度之比，称之为地图比例尺 $(1/M)$，用下面公式表示：

$$\frac{1}{M} = \frac{l}{L}$$

为了更有效地传输矢量数据，在矢量数据组织中，我们引入了网格坐标这个坐标系统，所谓网格坐标，其实就是借鉴了计算机屏幕的像素坐标系统，我们在进行矢量数据分块预处理的过程中，就是通过建立固定大小的规则网格，从而建立网格坐标系统。

3.2.2 四叉树数据结构

四叉树数据结构是一种广受关注，被学者进行大量研究的空间数据结构，20 世纪 60 年代中期，这种思想第一次出现在加拿大的地理信息系统中，20 世纪 80 年代，四叉树编码在图像分割、图像压缩、地理信息系统等方面得到了大量研究，从而完善了这一理论和应用。

四叉树分割的基本思路是：首先把一幅图像或者一幅栅格地图（$2^n \times 2^n$，$n > 1$）等分为 4 块，逐块检查其栅格数值，若每个子区中所有栅格都含有相同值，则子区不再往下分割。否则，将该区域再划分成 4 个区域，如此递归地分割，直到每个子块都含有相同的灰度或属性值为止，这种数据组织称为自上往下（Top-to-Down）的常规四叉树。当然，四叉树也可自下而上（Down-to-Top）地建立。

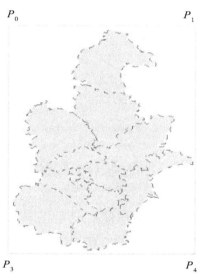

	long	lat
P_0	116. 2504659461606	40. 259954592942435
P_1	118. 461886	40. 259954592942435
P_2	118. 461886	38. 5383722388829
P_3	116. 2504659461606	38. 5383722388829

图 3-4 天津区域范围 CGS2000 坐标示意图

例如，图 3-5 表示四叉树的分解过程，图中对 $2^3 \times 2^3$ 的栅格图，利用自上而下的方法表示寻找栅格 A 的过程。从四叉树的特点可知，一幅 $2^n \times 2^n$ 栅格阵列图的最大深度数为 n，可能具有的层次为 0，1，2，3，…，n。

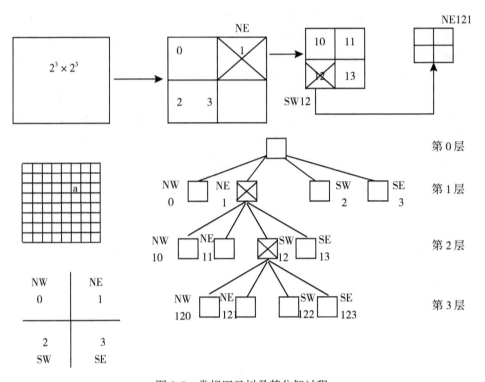

图 3-5　常规四叉树及其分解过程

常规四叉树所占的内外存空间比较大，因为它不仅要记录每个节点值，还需要记录节点的一个前驱节点以及四个后继节点，以及反映节点之间的关系，而且对于栅格数据进行运算时，还要作遍历树节点的运算，这样就增加了操作的复杂性。

因此实际应用中，在地理信息系统或者图像分割中不采用常规四叉树，而是用线性四叉树。

3.2.3　文件线性四叉树构建方法

从数据结构上讲，树数据结构本身属于非线性数据结构，这里所说的线性四叉树编码是指用四叉树的方式组织数据，但并不以四叉树方式存储数据，也就是说,它不像常规四叉树那样储存树中各个节点及其相互间关系,而是通过编码四叉树的节点来表示数据块的层次和空间关系,这里所说的叶节点都具有一个反映位置的关键字,也称为位置码,以此表示它所处位置。其实质是把原来大小相等的栅格集合转换为大小不等的正方形集合,并对不同尺寸和位置的正方形集合赋予一个位置码。

本书采用线性四叉树来建立矢量地图的存储索引,以实现快速调用或定位到矢量地图块,管理矢量分块数据。在层次增量分块矢量模型基础上建立线性四叉树矢量块文件索引分为三步,即逻辑分块、节点编码和物理分块。

(1)逻辑分块

与构建层次增量分块矢量模型对应,规定矢量块划分从矢量地图的左上角开始,从左至右,从上到下依次进行。同时规定四叉树的层编码与层次增量分块矢量模型的层编码保持一致,即四叉树的底层对应层次增量分块矢量模型。

(2)节点编码

按照一般思路,假定我们用二维数组来存储分块矢量索引,则每个二维数组与某一层矢量块矩阵相对应,二维数组中的每个元素就是它对应的矢量地图块的存储路径,它的下标值和它所对应的在网格坐标中的行号和列号有关,再采用一个一维数组来存储这些二维数组的行号与列号。

(3)物理分块

在逻辑分块的基础上对矢量数据进行物理分块,按相应的编码规则生成许多等大矢量块,对右边界和下边界瓦片中的多余部分则生成符合编码规则的空白文件。生成的矢量块的文件名按其所处的层次增量模型中的层号和网格坐标编号,通过一定规则建立 N 阶 Hibert 获得。物理分块完毕,分块后所得到的矢量块就构成了基于文件对象的线性四叉树索引,便于后面的文件调用、矢量数据的融合等处理。

3.2.4 矢量块文件之间的拓扑关系

借助层次增量分块模型的思想对矢量地图数据按不同的比例尺进行划分大小统一的矢量块后,为了更为有效地调度、融合服务器端的矢量数据块,就需要建立各个矢量块之间的拓扑关系,在这里将各个矢量块文件作为一个个节点来看待,这样我们就可以很清楚获知矢量块之间的拓扑关系包括两个方面:一是同一层内邻接关系,另外一个是上下层之间的双亲与孩子关系。

邻接关系是针对同级别的矢量块,在这里我们可以分别用东(E)、南(S)、西(W)、北(N)四个邻接块来表示,如图 3-6(a)所示;父亲瓦片与下层四个孩子的关系分别为东南(SE)、西南(SW)、西北(WN)、东北(NE)四个孩子瓦片,如图 3-6(b)所示;孩子矢量块与上层双亲的关系是一个双亲块,如图 3-6(c)所示。

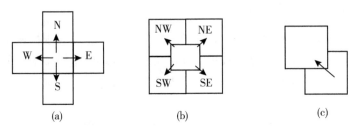

图 3-6 矢量数据块文件间拓扑关系

若已知某个矢量块坐标为(level, tx, ty),则与该矢量块相关的拓扑关系可表示为:

①东、南、西、北四个邻接瓦片的坐标编号分别为:

(level, $tx+1$, ty)、(level, tx, $ty+1$)、(level, $tx-1$, ty)、(level, tx, $ty-1$)

②东南、西南、西北、东北四个孩子矢量块的坐标编号如下:

(level-1, $2*tx+1$, $2ty+1$)、(level-1, $2*tx$, $2*ty+1$)、(level-1, $2*tx$, $2*ty$)、(level-1, $2*tx+1$, $2ty$)

③双亲矢量块的坐标为:

(level$+1$, $L*tx/2d$, $L*ty/2d$)

3.3 矢量数据组织及模型

3.3.1 空间矢量数据分类策略

在二维空间系统下将矢量数据按要素的图形结构可以划分为点、线、面三类,面对种类繁多,表象特征不同的各种地理要素,我们需要充分利用地图符号的六个基本变量:大小、尺寸、色彩、方向、亮度、密度来加以组织,从而在地图表现中加以区分展示。但是 GIS 数据展示形式毕竟不同于纸制地图,传统的纸质地图受地图出版纸张的限制,使得地物要素不能得到更为详细的展示,但 GIS 数据则可以通过屏幕视窗范围的变化展示出不同的地物。

为了遵循人们对地表要素认识的一般过程及规律，在 GIS 中我们一般按照地理要素的质量特征和数量特征两方面对地理要素加以划分，例如：我们可以将表面覆盖水的地方统一归纳为水系，将人们日常行走的道路统归为道路网，等等。其实也是通常我们所说的类别归属问题，在本次试验中，我们将天津市数据按以下类别进行划分，见表 3-1。

表 3-1 数据分类表

序号	名称	类型
1	区界、街区	
2	河流	
3	绿地	
4	高速路	
5	快速路及环线	
6	主干路	
7	次干路	
8	一般路	

总的来说，这里分类策略就是按照地理要素的质量特征将不同类别的地理要素加以划分，将同一类别的地理要素先归纳到一个大的图层中，再从此大类中细分开来。

3.3.2 空间矢量数据分级策略

前面叙述了矢量数据的分层策略，尽管经过上面的分层处理，矢量数据从总体上而言有了类别的划分，但采用这种划分标准降低了同一类别中的矢量要素之间的差异性，无法从地图表现上来区分同一类别中的等级差异。因此，我们需要采用分级策略来进一步细分地理要素中同一类别，只有进一步对地理要素进行等级划分，才能使得我们可以按缩放比例尺的不同控制空间地理要素的显示，只有通过合理的比例尺与显示之间的控制，我们才能使这些图层叠加在一起形成一幅层次和内容丰富的地图，从而通过地图更为高效地展示各种专题 GIS 要素信息。

在 GIS 应用系统中，地图图形数据的显示是根据可视范围的大小分等级显示的，一般而言，概略的地理要素图层数据是在可视范围比较大的情况下就显示出来，一些描述地理要素的细节层次的图层随着用户对地图的放大操作(其可视范围边小)而逐步显示在计算机屏幕上。要实现上述这种显示过程，我们需要依照地图显示级别对所要显示的地图图层数据进行分组，将同一缩放级别下需要显示的地图图层数据归为一组。具体步骤如下：

①设置每个显示级别下的最大比例尺(Max_Scale)和最小比例尺(Min_Scale)。

②用户对地图进行相关操作时，如果当前比例尺(win_Scale)满足以下条件 Min_Scale <win_Scale< Max_Scale，则属于该级别的图层将显示在屏幕上。

这里谈到的显示比例尺，其计算公式如下：

$$显示比例尺 = \frac{可视范围实际宽度}{屏幕窗口宽度}$$

从上面公式我们知道，随着用户不断进行地图放大操作，其显示比例尺是不断缩小的，故详细的显示级别图层就能显示出来。

本书主要采用以下两种方式对相同类别的要素进行分级：

①等级法：所谓等级法，简单地说就是根据地理要素的大小规模、重要程度、行政级别等由高到低进行划分。

②面积法：通过对地理要素图形面积的计算来划分地理要素的级别，例如面状水系：水库、湖泊、池塘等的划分。

3.3.3 层次增量分块矢量模型

矢量数据的渐进式传输采用了按缩放比例对矢量图形的细部，通过网络逐步传输到客户端并内插显示思想，这种思想改变了传统的一次性传输的模式，通过合理地分配各个比例尺下的矢量细节数据在网络上的传输来改善网络传输的效果，这种思想并没有减少矢量数据网络传输中总的数据量，但这种思想却给我们指出了一条研究矢量数据网络传输的方向。

上述的矢量数据渐进式传输还是采取以层的概念为单位对矢量数据进行传输，从传输的冗余数据角度分析，我们可以知道这种传输中也存在过多的"冗余"矢量数据，而且这种传输随着图形的放大，传输的"冗余"数据量会增加得更多。究其原因，是因为这种方式没有考虑到客户端屏幕的分辨率因素，从而造成了过多的屏幕以外的无需显示的矢量数据的传输。

在这里，本研究从减少屏幕外的矢量数据传输的角度出发，借鉴栅格地图图片传输的数据组织思想，提出了一种基于服务器端矢量数据的组织模型——层次增量分块矢量模型。

这种模型的基本思想是：遵循人对地物的认知过程，借助于地图制图中的分类分级理论，依照矢量数据的类别特征、图形特征、重要程度等来划分各个要素显示的尺度范围，根据划分的尺度建立一定大小的网格模型，这样我们就得到了在一定规则约束下的一系列多级网格模型，根据这些网格对基于点、线、面的矢量图形进行分割，分成数目众多的矢量块，同时根据网格的编号来命名这些矢量块，建立基于矢量块文件节点的线性四叉树文件索引，从而在不减少矢量数据信息量的前提下，将矢量数据由大变小，化整为零。

如图 3-7(a)为某一比例尺下的矢量增量，对于虚线框所包围的矩形框中的增量块，可以分割为图 3-7(b)中点、线、面三种类型的矢量块。

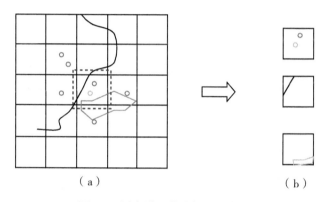

（a）　　　　　　　　　　　（b）

图 3-7　层次增量分块矢量示意图

设当前地图显示窗口为 W_i，当前地图比例尺为 S_i，通过屏幕坐标与地理坐标的换算可以计算该比例尺及以下的各个比例尺下包括的矩形框的数据集合，假定这些集合的矢量数据集分别为：$A(S_i)$，$A(S_{i-1})$，$A(S_{i-2})\cdots$，$A(S_0)$；则当前显示的数据量为：

$$\text{Sum}(S_i) = A(S_i) + A(S_{i-1}) + A(S_{i-2}) + \cdots + A(S_0)$$

建立这种模型下的矢量数据主要从以下几方面考虑：①有利于矢量数据的网络调用、传输；②有利于进行网络分布式存储；③可以考虑与遥感影像数据实现一体化管理；④充分利用了磁盘的读/写能力。但这种模型也带有一些诸如破坏了矢量数据的整体性、增加了矢量数据的冗余坐标信息等缺点。

当然，要搭建这种基于层次增量分块矢量模型的矢量块数据，需要解决以下几个问题：

①不同显示尺度下(比例尺)矢量数据的归属问题。

②不同显示尺度下(比例尺)分割网格的大小选择。

至于第一个问题，在前面的思想中已经提到；至于第二个方面的问题，主要通过对矢量数据的分析，采用线性四叉树结构，借助瓦片栅格数据分块的思路来进行试验，以确定合适的网格大小。

3.3.4　基于四叉树 N 阶 Hibert 文件存储法

前面叙述了基于层次增量分块矢量模型的思想，那么用这种模型对矢量数据进行分割后，会生成许许多多的矢量块文件，面对如此众多的矢量块文件，如何有效地对这些矢量块文件命名，并存储在不同的命名文件目录中是我们必须要解决的问题。考虑到我们分割中将每个矢量块文件看作是线性四叉树的一个子节点，因此，文件目录的组织就可以采用这个结构。另外，每个矢量块文件都包含三个数字：比例尺、行号和列号。

在这里我们将比例尺作为文件夹最上一级的目录，次一级目录名字是基于行或列的二进制数字，由于每个文件的行和列可以看作二维的 x，y 数字，为了简化索引和存储，我们需要将它转换为一维字符串，即四叉树键值(Quadtree Key，简称 QuadKey)。这就需要进行二维向一维的转换，而 Hilbert 填充曲线则提供了基于二维到一维的映射和排序方法，我们可以通过建立映射函数 $n=f(x，y)$ 来完成网格数组坐标向一维排序序号的转换，这一转换不仅可以让我们确定网格单元在一维排序中的位置，而且还能很好地照顾各个网格之间的邻近关系。

经过 Hibert 运算后，每个 QuadKey 独立对应某个比例尺下的一个矢量块文件名称，并且它可以被用作数据库中 B-tree 索引值。为了将坐标值转换成 QuadKey，需要将 Y 和 X 坐标二进制值交错组合，并转换成四进制值及对应的字符串。

例如，假设在比例尺等级为 3 时，矢量块文件的行和列为(3，5)，QuadKey 计算如下：

Row = 3 = 011(二进制)

Col = 5 = 101(二进制)

QuadKey = 100111(二进制) = 213(四进制)

213 就是这个矢量块不带后缀的文件名，这种编码有三个方面的特点：①QuadKey的长度等于矢量块所对应的比例尺等级；②每个矢量块的 QuadKey 的前几位和其父矢量块(上一放大后的比例尺下所对应的矢量块)的 QuadKey 相同；③QuadKey 提供的一维索引值通常显示了两个矢量块在 XY 坐标系中的相似性。也就是说两个相邻的矢量块对应的 *QuadKey* 非常接近。这对于优化数据库的性能非常重要，因为相邻的矢量块通常会被同时请求显示。因此，可以将这些矢量块存放在相同的磁盘区域中，从而减少磁盘的读取次数。

3.3.5　矢量图形剪裁

一般图形数据的剪裁就是将图形数据按给定的范围分割开来，但矢量图形与之不同，由于矢量图形是通过矢量数据来表达的，这使得对矢量图形的剪裁实质上就是对矢量数据进行分割，考虑到矢量数据不仅包括它的坐标信息，而且还带有实体的描述性信息——属性信息，因而在矢量图形剪裁中除了要考虑图形的完整性、一致性，还要考虑其属性信息的继承关系。前面已经提到矢量图形主要是分图层、分类型要素(点、线、面)的形式存储的，因此，对矢量图所进行的剪裁，实质是在单个图层上对点、线、面坐标信息的分割。

采用前面提到的层次增量分块矢量模型的思想，在一定比例尺下，在地图范围确定的前提下，根据左上角和右下角两点的坐标，再加上在该比例尺下的网格行、列数确定的前提下，我们就可以计算出每个网格对应的矩形边界坐标范围，从而通过它对矢量图形数据进行分割，下面叙述在此种情形下点、线、面的剪裁方法。

1. 点的剪裁

就点对象而言，由于它由一对坐标(x, y)组成。因此它的剪裁比较简单(图 3-8)，只需要确定每个点要素所在的矩形范围内，对于处于矩形边界线上的点要素，我们可以分上、下、左、右四条边进行处理，然后将该矩形范围内的点坐标经压缩简化处理后连带必要的属性，例如 ID 等写入相应 Hibert 命名的一定格式的文本文件中。其步骤如下：

步骤 1：判断各个点对象所在的矩形框，建立各个矩形框所属点的集合。

步骤 2：对坐标进行压缩简化处理。

步骤 3：输出简化后坐标及关键属性。

2. 线的剪裁

至于线对象，它与矩形框的关系如图 3-9 所示，大致可以分为图中四种情形，因此对它的剪裁需要分以上四种情形处理。大致步骤如下：

步骤 1：计算每个线对象的最小外截矩形，同时根据最小外截矩形的中心点位置，对线对象L_i排序，并求各个外截矩形的最小矩形框集合R_i。

步骤 2：按步骤 1 中排好序的线对象进行遍历，对于其中任何一条线对

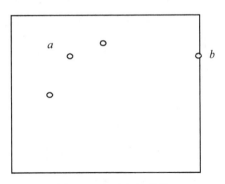

图 3-8　点对象的剪裁

象，其矩形框集合 R_i 中按从左至右，从上至下的顺序，逐个计算它们之间的关系：

①如果是情形 L_1，线被矩形框完全包含，记录分段序号为 0。

②如果是情形 L_2，线一端与矩形框一边相交，求出交点（假设 P_1），则将线分为两部分：e-f-P_1，P_1-g，按顺时针方向记录这两条线序号为 1，2。并将原始线的 ID 和当前的序号追加到分段线上，e-f-P_1 记录到该矩形框记录集中，P_1-g。

③如果是情形 L_3，线两端都在矩形框外，则同样求出交点（假设 P_1，P_2），则先分为三部分：h-P_1，P_1-i-j-k-P_2，P_2-l，按顺时针方向记录这两条线序号为 1，2，3，并将原始线的 ID 和当前的序号追加到分段线上，P_1-i-j-k-P_2 转到情形 1，其他的按情形 2 继续。

④如果是情形 L_4，线与矩形框多次相交的情形，可以根据交点转换为情形 L_3 和情形 L_2 去处理。

步骤 3：将各个矩形框中的线集合按当前 ID、原始 ID、序号、坐标输出到相应的 Hibert 编码命名的文本文件中。

3. 面的剪裁

面对象的瓦片裁剪是逐顶点处理，直到所有点计算完毕，再进行新面构建，最后结束整个剪裁过程。具体步骤如下：

步骤 1：对于面对象顶点集合 $P(n)$，如所有顶点都位于瓦片所在矩形区域内，记录所有顶点，转入步骤 6，否则转入步骤 2。

步骤 2：如果 $P(i)$ 位于瓦片所在矩形区域内，而 $P(i+1)$ 位于瓦片所在矩

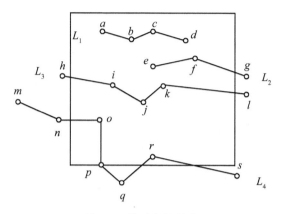

图 3-9   线对象的剪裁

形区域外，计算出点 M，并记录 $P(i)$、出点 M 及其所在边，转入步骤 3 计算下一点。

步骤 3：如 $P(i)$ 位于瓦片所在矩形区域外，而 $P(i+1)$ 位于瓦片所在矩形区域内，计算入点 N，并记录入点及其所在边，计算下一点；如上一记录点为出点，且 M 和 N 所在瓦片边不同，则插入瓦片顶点为新增节点，转入步骤 4。

步骤 4：如 $P(i)$ 位于瓦片所在矩形区域外，$P(i+1)$ 也位于瓦片所在矩形区域外，计算下一点，继续执行步骤 4；否则，如 $P(i+1)$ 位于瓦片所在矩形区域内，转入步骤 3。

步骤 5：如 $P(i)$ 位于瓦片所在矩形区域内，$P(i+1)$ 也位于瓦片所在矩形区域内，记录 $P(i)$，计算下一点，继续执行步骤 5；否则，如 $P(i+1)$ 位于瓦片所在矩形区域外，转入步骤 2。

步骤 6：所有点计算完毕，将所有记录点构建新面，剪裁完毕。

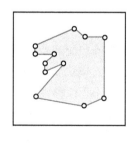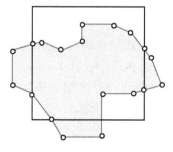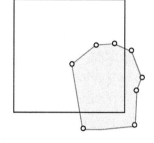

图 3-10   面对象的剪裁

3.4　客户端矢量数据融合机制

根据客户端用户的 GIS 操作，当矢量块文件经过网络传输到客户端后，就需要完成 WebGIS 中最后一个步骤，即要解决这些矢量块文件在客户端显示的问题，与以往按层传输的矢量数据不一样，此时传输过来的是不同比例尺基于点、线、面特征的矢量块文件集合，因此，我们不能采用传统的按层的方式来处理这些矢量块文件数据，对于这些传输过来的矢量块文件，我们需要在客户端通过拼合的方式将这些矢量块数据融合在一起并显示。这一步是非常必要的，因为提供给用户的地图实体应该是合理的并保持实体要素图形的完整性。例如，如果一个多边形在从数据库中提取过程中被分成两个多边形(各自保存在不同的矢量块中)，而在提交给用户时，这些多边形应该拼合成一个实体对象，以保证图形显示的完整性。由于点、线、面三种几何要素组成结构不同，因此，它们这三种要素的融合机制是不同的，下面叙述各自的融合机制。

1. 点融合机制

由于点是由一个坐标对(x, y)组成，它与分割块的关系只有包含的关系(这里将在分割线上的点也划归到包含中)，故点要素的融合相对来说比较简单。考虑到每个点矢量块文件中都存储了该点的类别编码、要素编号，因此，对于同一比例尺，首先，我们以块为单位对该块内的点按照所属类别编码的不同，采取链表结构存储在内存中；其次，将需要显示的矢量块中同一类别点要素进行合并，从而完成点的融合处理。

2. 线融合机制

线要素的融合也采取了与点要素类似的思路，在前面线要素分割中，我们沿着原始线段的顺时针方向对分割后的线段进行编号，分割后的矢量块线文件中，我们除了线类别码、存储分段线 ID 和坐标外，还需存储分段线的原始 ID 以及分段编号。

线融合大致思路是：首先，我们以块为单位对该块内的线按照所属类别编码的不同，采取链表结构存储在内存中；其次，将需要显示的矢量块中同一类别线要素进行合并，合并是需要通过分段编号来区分线段之间是否存在共同点，从而完成线的融合处理。例如，图 3-11 保存在不同矢量块中线段图中，图 3-11(a)这种情况在融合时，L 线被分成线段 1、线段 2 和线段 3，分别保存在三个分块文件中，它们之间都存在共同点，因此其融合线段编号是 1、2、3；而在图 3-11(b)中，如果上下虚线网格中的矢量块不在当前屏幕窗口显示范围内，那么则会形成由 2、3、6、7、8、10 组成的这些线段之间不存在共同点的情形，对于此种情形，我们不能按首位坐标连接实现融合，故在线融合中，我们只采用编号融合，各个线段在个体上还是相对独立的。

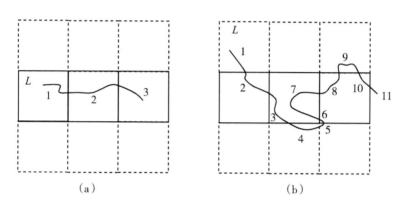

图 3-11　保存在不同矢量块中的线段图

3. 面融合机制

由于在面要素的融合处理中，不仅需要考虑边界线的融合，而且还要考虑内部填充的问题，这就使得面要素在客户端融合处理中不能直接套用点或者线的融合方法。

当然，面要素的融合也需要通过分块前面实体的原始唯一标识码 ID 来统一关联，原则上根据计算机屏幕窗口显示范围内，它们拼合起来的也应该是一个多边形实体要素，在多边形融合中，最主要的障碍是显示的过程中不必要的边界线的存在。例如，图 3-12（a）和图 3-12（b）就显示了边界线外观的两种不同情况。在图 3-12（a）中，多边形的边界线是在平铺过程中生成的，需要获取正确的多边形颜色提供给用户。与之相反，在图 3-12（b）中，相同的边界线造成不必要的视觉效果。修补图 3-12（b）所示的多边形的拼合部分的正确方法如图 3-12（c）所示。

另外，在面要素融合过程中，边界线的生成也是非常必要的，因为这些边界线有助于阐明多边形的修补，从而使多边形着色更为准确。例如，图 3-13显示了当边界线不存在时，就找不到如何为多边形着色的任何指示，因此会产生出两种甚至更多种情形的填充。

针对上面可能出现的问题，在面分割中我们存储了分界线，但简单地存储分界线却带来了多余轮廓线显示的问题，如果我们通过图形的合并（Merge）来

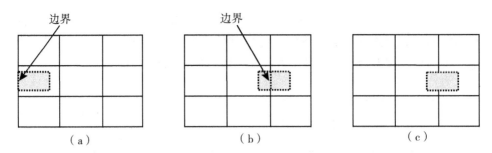

图 3-12　多边形拼合过程中边界线的处理方法(据文献[98]改)

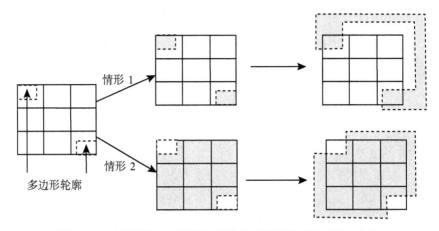

图 3-13　无边界线多边形着色可能出现的情形(据文献[98]改)

处理,是非常耗时的,而且随着客户端用户对地图操作范围的不断深入,客户端的数据处理负担会越来越重,因此,在这里提出一种填充和轮廓线分别处理的思路。

这种思路的主要思想是:对面要素分块前,根据原始面要素与网格的交点,对其轮廓线也采取顺时针方向分段编码,给予每段唯一的标识码,在将面分块时,对于各个单个的面,同样也按顺时针方向编码,在编码的时候注意保持前面的分段的轮廓线标识码不变,对有网格线组成的轮廓线则采用不同的标识码区分开来,这样我们得到的基于面要素的矢量块文本坐标文件中,就存储了原始面的标识码(id)、原始分段标识(id)、网格轮廓线(n_id)以及它们的坐标串。这些矢量块通过网络传输到客户端后,对于各个网格内的各个分割面,绘制时只需绘制面要素的填充色,将轮廓线设置为空,同时根据矢量块文件中的原始分段标识码,将需要显示的轮廓线单独绘制出来就避免了网格轮廓线的多余显示。这样处理能保持各个分割面的独立性，也保证了面要素的显示效率。尽管这种处理会使原始面要素内部结构支离破碎，但它的轮廓线是相对完整的，而且对于各个分割面，结合内部原始面 ID 编码以及网络异步传输等可以处理与该图形相关的分析编辑等操作。如图 3-14 中，原始轮廓线为分段线 1、2、3、4、5、6、7、8，而网格分割后生成的多余分界线为 a、b、c、d、e、f、g、h。

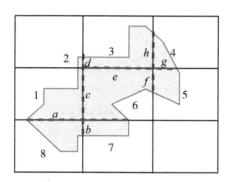

图 3-14　面要素分段编码与分界线编码示意图

3.5　本章小结

本章主要从服务器端矢量数据组织和客户端数据的融合等方面展开研究与探讨，主要做了以下工作：

①从缓存的存储方式、服务器端缓存和客户端缓存等方面讨论了如何将这种技术应用到基于矢量数据的 WebGIS 中，从而最终减少数据的重复性传输。

②阐述了四叉树数据结构，提出了基于文件存储的线性四叉树构建方法，并讨论了同一等级和上下级之间的拓扑关系。

③结合矢量数据渐进式传输中用到的模型以及 WebGIS 的理论，形成空间换时间的思想，提出了基于层次增量分块矢量模型的服务器端矢量数据组织模型，并给出了相应的矢量块的剪裁及文件命名存储等的方法。

④当数据传输到客户端后，就需要在客户端重建并显示出来，结合前面讲到的层次增量分块矢量模型的服务器端数据组织，这里给出客户端的数据融合思想。

第四章　矢量数据高效压缩与网络异步传输

目前，随着互联网软硬件环境的不断改善，越来越多的人们借助于一根根细细的网络数据线而紧紧地联系在一起。通过网络，大家相互之间不断地进行着各种信息的交流，这其中就少不了信息数据的网络传输。尽管网络带宽有了显著的提高，但对于各行各业中各种不同大小的数据量，目前的网络传输还无法达到理想的状态，分析网络传输的数据信息的情况，我们可以获知在网络传输中存在大量的重复性的数据传输，为此，不少研究工作者将研究方向集中到减少信息数据的网络重复传输领域，即数据的压缩与简化。

社会的发展促使人们对与之日常生活相关的空间信息的需求不断增加，空间信息在互联网的应用也得到了很大的发展。然而，正如前面所说的，空间信息在网络方面的传输也面临着数据量和传输效率之间的矛盾。因此，本章将主要阐述对矢量数据进行高效的压缩与网络传输方面的理论、方法以及策略，其目的是在减少矢量数据量的基础上，依靠控制刷新数据量、异步传输等技术及策略来提高矢量数据传输的效率，从而改善用户体验。

4.1　数据压缩的理论与方法

4.1.1　数据压缩及信息量的定义

1. 数据压缩

目前，许多研究者从不同的角度对数据压缩阐明不同的定义，但其实质思想是一样的，所谓数据压缩，其实就是将信息源所发出的信号用最少的数字代码来表达，从而减少数据采集集合或者给定信息集合中容纳的信息空间[35]。

这里提到的信息空间也就是被压缩的对象，它主要分为三类，分别为：
①时间空间，诸如传输数据所耗费的时间大小。
②物理空间，它是指硬盘存储器、磁带、VCD/DVD 光盘等存储数据介质。

③电磁频谱区域，这个主要是指传输数据中所占用的网络带宽等。

上面这三类也可以概括为某一信号集合所占空域、时域和频域空间，它们不是相互独立的，而是相互密切关联的。例如，如果我们减少数据的存储空间，则会使数据传输效率提高，节省传输中所占用网络宽度。因此，我们可以从另外一个角度来理解数据压缩，正如文献[82]中所说，数据压缩就是以信息损失最小为前提，通过简化或者压缩信息数据，从而提高数据网络传输、数据存储以及数据处理效率的一种技术。

结合上述观点，本研究认为数据压缩的目的是为了减少数据存储的冗余度，通过对数据结构采取编码优化或者简化数据处理等措施，减少其在存储介质中所占用的空间，从而在数据存储、数据传输以及使用等方面获取更好的执行效率。

2. 信息量

信息论于 20 世纪 40 年代后期由贝尔实验室的 Claude Shannon 创立，是现代通信技术的基础理论。信息论研究消息存储和通信的各种方式。数据压缩是信息论中的一个典型研究领域，因为需要考虑信息的冗余，所以很早就为信息论研究所包含。如果能确定一条消息中的冗余信息，就可以通过某些方法去掉额外信息，从而节省额外的编码空间，减少信息的存储数量。

在信息论中，"熵"是用来描述信息的编码量度。一般而言，如果通过计算得到的熵越高，那么该信息所包含的信息量就越多。在数学领域中，熵定义为其概率的对数的负值。就单个事件而言，其熵可通过下式计算：

$$H(i) = -\log_2(P_i)$$

该式表示发生概率为 P_i 的事件(字符)i 所具有的信息量。常用"位"(bit)作为度量信息量的单位。即代表该事件发生(或字符出现)所需要的最少位数。

就一个消息队列 $X(X=X_1, X_2, \cdots, X_n)$ 而言，它的平均信息熵可定义为：

$$h(x) = -\sum_{i=1}^{n} P(a_i) \times \log_2(P(a_i))$$

上面公式中的 $P(a_i)$ 的含义是：某一事件 a_i 出现或者发生的概率值。从形式上讲，上述表达式与物理学中的热熵的表达公式近似，因此在信息论中借用了热力学中的"熵"这个字来表示对信息量的测度，同时为了和热力学中的"熵"相区别，我们一般称之为信息熵。就一个事件发生的概率而言，如果其概率越小，则它所含的信息量越大，信息熵也就越高。

目前，在诸如图形文件、文本文件、数据文件以及程序文件等数字信息中，都存储了大量的重复内容，对它们进行压缩就是为了剔除部分或全部的重复内容，即冗余信息，以达到减少文件或数据所占用的存储空间。还原数据则是利用数据压缩的逆算法恢复被压缩的数据或者文件。目前，衡量数据压缩程度的重要指标是压缩比，尽管压缩比的定义在不用的领域有所不同，但在信息论中，我们将压缩前后数据熵之比称为压缩比，这种定义方法需要根据压缩数据进行统计分析来计算压缩比。现实应用中，许多压缩技术并不考虑数据的统计结果。考虑到实际应用的需要，我们一般将压缩比定义成下面公式：

$$信息压缩比 = \frac{原代码长度 - 压缩后代码长度}{原代码长度} \times 100\%$$

从另一角度来说，上面公式代表了被压缩掉的数据占原数据的比例。例如，如果某信息数据压缩后的代码长度为原数据的 20%，那么它的压缩比就是 80%，原数据中有 80% 的数据被除掉了，数据压缩技术的主要研究方向是提出各种压缩方法，取得尽可能高的压缩比。压缩方法的研究需要考虑不同的文件类型、不同的压缩方法、不同的图像分辨率等。虽然从理论上，压缩比应该尽可能大，从而实现数据的最大化压缩，但是实际上压缩比存在限制。这个上限与信息熵有关，即如果超过这个限制，压缩后的数据在还原后将会出现失真，无法全部恢复原始信息。

4.1.2　数据压缩的基本原理及方法

1. 数据压缩的基本原理

前面阐述数据压缩的概念方面的内容，从定义中我们可以大致了解数据压缩的基本原理。总的来说，由于大多数信息数据在表达或存储方面存在一定程度上的冗余度，我们能够通过建立一定的压缩模型或编码方法，来降低数据的这种冗余度，从而达到减少通道、节省存储空间和数据传输时间等方面的目的。

通常而言，我们可以遵循只保留反映现象或事物特征的信息数据的原则，通过去掉空白段、间隔、冗余项以及不必要的数据等，从而减少给定的数据量所需要的存储空间，也就是减少信息数据文件存储的大小。

数据压缩所要处理的主要是针对冗余数据，就矢量空间信息数据而言，其冗余数据主要来源于以下几个方面：

（1）采样的精度

在数字化采集过程中，原本按照一定的采集精度就能达到描述地图各要素表现请求，实际工作中由于采集的设备不同、所采用的方法不同、采集软件不同以及采集人员个人采集习惯等的不同，从而进行了过多的采样，多余采集的数据就成为矢量数据的冗余数据部分，尽管我们可以通过模型或者方法剔除其中的冗余数据以达到减少其存储量，但处理后会降低矢量数据的精度。

（2）文件存储格式

众所周知，字符集合（例如：文本）或二进制符号集合是计算机文件存储的表现形式，尽管从数据表现形式上看两者差别比较大，但在计算机存储中的最终存储形式都是"0""1"两种代码，唯一的区别在于前者一般采用 ASCII 编码表示，而后者则采用二进制编码表示，这种存储结构在计算机文件内部不可避免地产生了一定程度的冗余数据，大致可以分为以下几种情形[35]：

①字符分布：

在典型的字符串中，在一定的规则和法则约束下，与其他字符符号相比，一些字符符号出现得更为频繁，例如在英文文章中，字母"e"和" "（空格）出现得最多；而在数据库记录中，存在大量的二进制数字或紧缩的十进制数字，这些内容不仅改变了字符的统计特性，同时由于字段定义上的限制，使得字符分布因字段不同而差异很大。

②字符重复：

一般用较为紧凑的编码方式来存储重复字符所形成的符号串，例如文本文件中，数值字段的高位常含有零串，而未填满的字符字段中常含有很多空格串。

③高使用率模式：

在矢量数据坐标文件中，诸如（0、1、2、3、4、5、6、7、8、9）的符号序列通常会频繁反复出现，因此，可以采取用相对较少的位数来表达，从而减少文件所需要的存储空间，节省文件传输时间。

④位置冗余：

这主要体现在各个数据块中可以预见的位置，某些特定字符总是反复出现，从而造成基于这些字符部分冗余。

当然，这四类冗余之间并不是独立存在的，而是相互之间交错存在，具有一定的重叠，总的来说对于不同的冗余我们可以考虑采用针对性的编码方法。数据压缩的目的就是去掉信息数据的冗余性。数据压缩常常又称为数据信源编码，或简称为数据编码。与此相反的过程，数据压缩的逆过程称为数据解压缩，也称为数据信源解码，或简称为数据解码。

2. 数据压缩的一般方法

数据压缩的一般方法其实就是采用信息量法、资格筛选法或其他统计方法，将大量的由存储器取出来的数据或者原始数据转换为有用的、有条理的、精练而简单的信息数据的过程。根据不同的理念与模型建立的数据压缩方法，对不同的数据类型进行压缩时，表面上会产生不同的压缩效果。但实际上这些压缩算法出发点都是相同的，即通过剔除原始数据中的冗余度来压缩数据。因此，无论采用什么模型建立的压缩方法，都可以抽象成图 4-1[35] 所示的三个主要操作步骤。

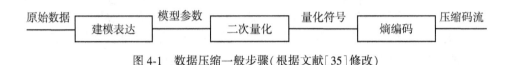

图 4-1　数据压缩一般步骤(根据文献[35]修改)

上面三个主要操作步骤说明如下：

(1)建模表达

通过建立一个数学模型，将那些规律不明显的原始数据信息，转换为更加紧凑、更加有效的"重新表达"的数据。

(2)二次量化

通过更简洁地表达利用该模型对原始数据建模所得到的模型参数或者是新的数据表示形式。由于这些参数可能达到无限或者过高的表示精度，故需要将其量化成有限的精度，这个过程称为二次量化。

(3)熵编码

通过对消息流或模型参数的量化表示进行码字分配处理，从而获得更加紧凑的压缩码流。此时，编码要求能准确地再现模型参数的量化符号，所以称它为"熵编码"。

4.1.3　数据压缩的分类

从不同的角度，可以将数据压缩划分为不同的类型，下面主要从两个方面对数据压缩进行分类方面的探讨，一种是从数据压缩的模型(或者方法)角度来分，另外一种是从数据压缩的可逆性角度来分，具体而言如下：

从数据压缩的模型(方法)角度上讲，数据压缩通常可以划分为五大类：

(1)削减

简单地说，削减就是通过外延或内插方法推算冗余数据并按照一定的规则将其从原始数据集合中去掉。

(2)参数抽出

参数抽出就是根据所压缩数据的特征或相关重要参数，通过保留特征数据和参数来完成对数据的压缩。

(3)等时间采样

等时间采样主要针对诸如视频等方面的信息数据，通过等时间间隔对连续输入的数据进行重新采样从而减小原始数据的尺寸。

（4）编码变换

针对所压缩数据的特点，通过一定规则将压缩数据用简化代码来表示，其实也就是对每个数据块进行一定的编码变换处理，每个像元的比特数是衡量编码变换效率的标志。

（5）函数应用

采取等间隔或不等间隔采样获取必要的采样点信息数据，同时运用函数算法分析出要削减的数据，从而完成数据的压缩。

从数据压缩的可逆性角度上讲，我们可以将数据压缩划分为无损压缩和有损压缩两大类，其分类结构图如图 4-2[87] 所示。

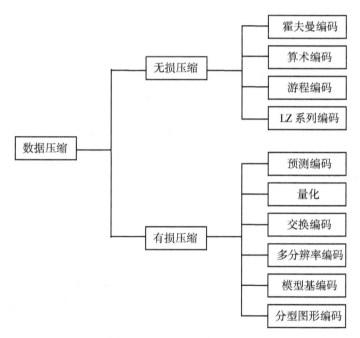

图 4-2　数据压缩分类图(根据文献[87]修改)

从图 4-2 可知数据压缩又可以分为无损压缩和有损压缩两个大类，无损压缩也称为冗余度压缩，顾名思义它利用了数据的冗余度对数据进行压缩，概括地讲它是指将压缩后的数据进行重新构建——解压缩，解压缩后得的数据与原来的数据内容完全相同。这类压缩主要用于要求重构的信号与原始信号完全一致的应用场合，也就是说可以完全恢复原始数据而不引起任何失真，与原始信息具有等效的功能。

与无损压缩相反，有损压缩是一种失真编码，在信息论中我们称之为熵压缩，它是一种破坏型压缩方式。有损压缩方法是指将压缩后的数据进行解压缩，解压获得的数据与原始数据不完全相同，只能非常接近的压缩方法，这种方式将数据中一些次要的信息数据剔除掉，牺牲一些不重要的质量从而达到减少数据量，使压缩比提高的目的。经过有损压缩重构后的数据与原始数据存在一定差异，因此它主要用于图像、图形、音频视频等数据压缩领域。

目前，空间数据的应用领域也离不开数据的压缩，在空间信息技术研究领域，结合上面的分类，空间数据在存储与传输中所用到的压缩技术可以按照图4-3的方法划分。

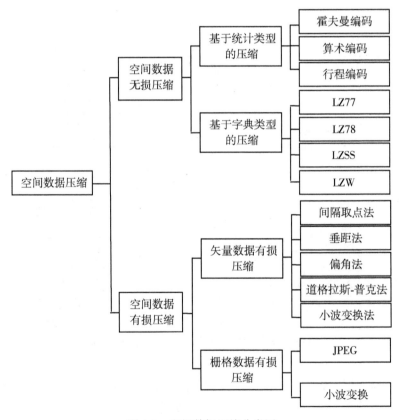

图 4-3　空间数据压缩分类图

4.2 矢量数据有损压缩

4.2.1 数据有损压缩的基本原理

数据有损压缩通常也称为失真编码，在信息论中的专用名词为熵压缩，它主要是根据特定的应用环境和特定的数据而专门设计的压缩编码，它只对所应用的数据信息源中与应用有关的内容进行编码，同时忽略数据信息源中那些对应用毫无影响或者影响很小的部分。因此，它使得数据信息源在压缩过程中以损失一定的信息从而获取较大的压缩效率，提高压缩比，最终大大地减少数据信息源的数据量大小。

在实际应用领域，有损压缩方法的一个重要优势体现在压缩效果方面，大致而言，在满足应用需求的某些情形下，对数据进行有损压缩所能获得的压缩文件，要比任何已知无损压缩方法压缩过的文件小得多。有损压缩的解压过程无法将原始数据源精确地恢复[92]，即它在压缩过程中丢失了信息数据源中部分影响不大的数据信息。例如图像方面的有损压缩，虽然它的解压过程不能完全恢复到原始数据状态，但是损失的数据对理解原始图像的信息的影响可以忽略不计，因而能换取较大的数据压缩比，故有损压缩大部分应用于影音、图像和视频数据领域，通过对这些数据的压缩，从而大大减少其数据量，加快数据在网络方面的传输。

目前，对图像数据采用的压缩技术大部分都属于有损压缩，图像数据压缩是最大限度地利用图像信息数据的冗余性从而减少图像数据的数据量。通常通过抽样量化和编码对原始图像数据进行处理，剔除掉其中的冗余信息，再将图像按一定格式存储并传输到相应的计算机上，最后在客户端计算机恢复成对视觉效果变化影响不大的图像。

另外，从压缩技术上讲，有损压缩可以划分为两种基本的压缩技术：

①变换编解码。首先对图像或者声音等源数据信息进行采样、切成小块、变换到一个新的空间、量化，然后对量化值进行熵编码。

②预测编解码。先前的数据以及随后解码数据用来预测当前的声音采样或者图像帧，预测数据与实际数据之间的误差以及其他一些重现预测的信息进行编码。

矢量数据冗余通常源于两种情形，第一种情形是来自于数据采集过程；第二种情形是数据在具体应用中产生，例如大比例尺的矢量数据转换为小比例尺的应用时，部分数据就可能变成不必要的冗余，从而需要进行压缩工作，矢量数据压缩就是针对原始数据的冗余，节约存储空间，加快网络传输速度。

所谓矢量数据压缩其实就是从组成曲线的点集合中抽取一个子集，这个子集应该在点数尽量精简的情况下，在一定的精度范围内尽可能地反映原数据集合。这种需要根据具体应用来选择合适的矢量数据压缩与化简算法，在不破坏拓扑关系的前提下对原始采样数据进行合理的删减。

4.2.2　矢量数据有损压缩的方法

如上面一章节所描述，从图形角度上讲，空间矢量数据是由坐标串(x_1，y_1；x_2，y_2；…)组成的。因此空间矢量数据的有损压缩主要针对的对象是坐标值的压缩。通过对图形要素数据按照一定的特征搭建压缩模型，从而达到在保留要素特征的前提下减少图形要素数据。

从压缩的矢量要素对象角度上讲，矢量数据压缩分为：点要素压缩、曲线要素压缩以及面要素压缩，当然在一定规则条件下，经过特殊处理我们可以将面要素的压缩转化为曲线要素的压缩，考虑到矢量数据中曲线数据量较大，因此矢量数据的压缩主要针对曲线的压缩。

实际上，常用的曲线矢量数据压缩算法大体上可以划分为两类思想[72]：

(1)局部算法思想

局部算法思想的核心是针对曲线的某一局部按照一定的规则条件进行计算分析，然后提取压缩后的保留特征点，典型的算法有 Reumann-Witkam(1974)方法等。

(2)整体算法思想

整体算法思想则是通过先对曲线进行整体分析，求出起始保留点，然后分析相邻保留点间的曲线，求出下一个特征保留点，如此反复进行下去，直到将曲线上所有特征保留点都挑选出来，如 Splitting-and-Merge 方法、道格拉斯-普克法等。

在目前矢量数据压缩应用领域，对曲线矢量数据压缩算法主要有如下几种：间隔取点法、偏角法、垂距法、道格拉斯-普克算法，另外文献[89]提出的针对曲线矢量数据具有预测功能的压缩方法。一些文献也提出了改进的算法，如文献[90][91]。按照选点的约束条件，我们可以将这些算法总体上分为距离控制、角度控制两类。因为从执行效率方面讲距离计算具有一定的优势，这使得垂距法、道格拉斯-普克法的应用比较普遍。

(1)间隔取点法

间隔取点法的核心在于：每隔 K 个点取一个点，或舍去那些离已选点比规定距离更近的点，但首、末点一定保留，如图 4-4 所示，这种方法可大量压缩数字化仪用连续方法获取的点列中的点、曲率显著变化的点，但不一定能恰当地保留方向上曲率显著变化的点。

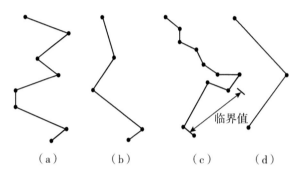

（a）　　　（b）　　　（c）　　　（d）

由(a)舍去每两点中一点得(b)和(c)的仅保留与已选点距离超过临界值的点的(d)

图 4-4　间隔取点法示意图

（2）垂距法

垂距法的基本思想是：从数字化曲线的一端点开始，依次选取曲线上的三个点，计算中间点与其他两点连线的垂线距离 d_i，接着与限差 ε 比较，如果 $d_i < \varepsilon$，则去除中间点；若 $d_i \geqslant \varepsilon$，则保留中间点。处理完之后，按顺序选择下 3 个点，重复以上处理，直到线结束。图 4-5 显示了垂距法的原理。

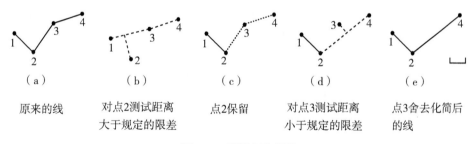

（a）　　　　　（b）　　　　　（c）　　　　　（d）　　　　　（e）

原来的线　　　对点2测试距离　　　点2保留　　　对点3测试距离　　　点3舍去化简后
　　　　　　　大于规定的限差　　　　　　　　小于规定的限差　　　的线

图 4-5　垂距法示意图

（3）偏角法

偏角法的基本思想是：从数字化曲线的一端出发，遵循三个点为一组原则，依次计算第一点、第二点间连线和第一点、第三点间连线构成的夹角，此时如果该夹角度数大于预先设定的限值 A，那么保留第二点，否则剔除第二点。偏角法处理示意图如图 4-6 所示。

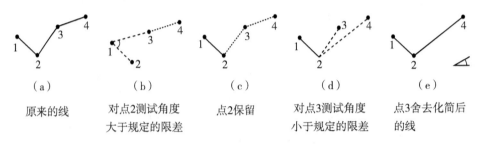

（a）　　　　（b）　　　　（c）　　　　（d）　　　　（e）

原来的线　　对点2测试角度　　点2保留　　对点3测试角度　　点3舍去化简后
　　　　　大于规定的限差　　　　　小于规定的限差　　的线

图 4-6　偏角法示意图

（4）光栅法

光栅法的基本思想是：事先定义一个扇形区域范围，通过判断曲线上的点与扇形的关系，如果在扇形内则保留，否则剔除掉。假设曲线上的点列为 $\{P_i\}$，$i=1,2,\cdots,n$，光栅口径设定为 d，这个参数可以根据压缩量来定义，光栅法的具体实施步骤为：

①连接 P_1、P_2 两点，通过 P_2 点作垂直于 P_1P_2 的直线，在该垂直线上选取两点 a_1、a_2，使 $a_1P_2=a_2P_2=d/2$，此时这里的 a_1、a_2 便为"光栅"的边界点，P_1 与 a_1、P_1 与 a_2 的连线作为以 P_1 为顶点的扇形的两条边，这就定义了一个参考扇形（这个扇形的开口朝向曲线前进方向，其边长是任意的）。实际上，在该扇形内通过 P_1 的所有直线都具备"P_1P_2 上各点到这些直线的垂距都小于或等于 $d/2$"的性质。

②如果扇形包含 P_3 点，则删除 P_2 点，并连接 P_1 和 P_3，过 P_3 作 P_1P_3 的垂线段，该垂线将与前面定义的扇形的边交于 c_1、c_2。在垂线上计算并找到 b_1 和 b_2 点，使 $P_3b_1=P_3b_2=d/2$，若 b_1 或 b_2 点（图 4-7 中为 b_2 点）落在原扇形外面，则用 c_1 或 c_2 取代（图 4-7 中由 c_2 取代 b_2）。此时，P_1b_1 和 P_1c_2 所围成的范围定义一个新的扇形，这当然是口径（b_1c_2）缩小了的"光栅"。

③如果新扇形包含了下一节点，则重复步骤②，当出现一个节点在最新定义的扇形外时，则执行步骤④。

④如果节点出现在扇形外，如图 4-7 中所表示的节点 P_4，则我们将保留 P_3 点，同时将 P_3 作为新起点，重复步骤①到步骤③。直到整个点列检测完。剩下未被删除被保留的节点（含首、末点），则按照顺序成为简化后的新点列。

（5）道格拉斯-普克（Douglas-Peucker）算法

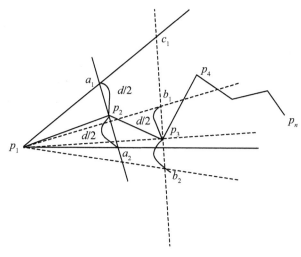

图 4-7　光栏法示意图

　　道格拉斯-普克(Douglas-Peucker)算法是由 D. Douglas 和 T. Peucker 于1973年提出的，简称 D-P 算法，它是一种公认的线状要素化简经典算法，现在线化简算法中相当一部分都是在该算法的基础上改进产生的。实际上，它是改进于垂距法，该算法是普遍采用的曲线矢量数据压缩算法和曲线多边形拟合逼近算法，与垂距法的显著区别之处在于：该算法在压缩的同时考虑曲线的全局整体特征，而不是在局部上选取曲线上的部分数据点按照次序进行化简。

　　算法基本思路是：对每一条曲线的首末点虚连一条直线，求所有点与直线的距离，并找出最大距离值 d_{max}，用 d_{max} 与限差 D 相比；若 $d_{max}<D$，这条曲线上的中间点全部舍去；若 $d_{max}\geqslant D$，则保留 d_{max} 对应的坐标点，并以该点为界，把曲线分为两部分，对这两部分各自重复使用该方法循环下去。

　　算法的详细步骤如下：

　　①将曲线首、尾两点间用虚线连一条直线，求出其余各点到该直线的距离，如图 4-8(a)所示。

　　②选其最大者与阈值相比较，若大于阈值，则将离该直线距离最大的点予以保留，否则将直线两端点间各点全部舍去，如图 4-8(b)所示，第 4 点保留。

　　③依据所保留的点，将已知曲线分成两部分处理，重复第①、②步操作，迭代操作，即仍选距离最大者与阈值比较，依次取舍，直到无点可舍去，最后得到满足给定精度限差的曲线点坐标，如图 4-8(c)、(d)依次保留第 6 点、第

7 点，舍去其他点，即完成线的化简。

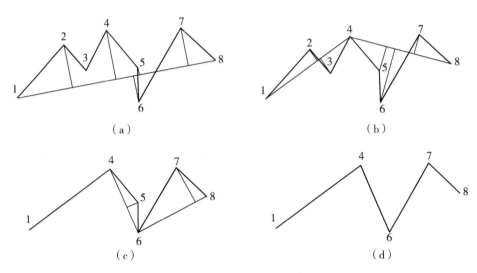

图 4-8　Douglas-Peucker 示意图

（6）基于小波变换的矢量数据压缩

采用小波技术对矢量数据进行压缩是一个新的矢量数据压缩研究领域。目前，一般采用二进制、多进制以及 B 样条小波等方式对矢量数据进行压缩。

基于二进制的矢量数据压缩模型的思路是[89]：将空间 $L^2(R)$ 视作某地理空间在特定比例尺下的地图数据模型，$f(x)$ 作为空间中各图形要素（如：线状要素 $y=f(x)$），则 $\{V_m\}_m \in Z$ 可以看成是基于该比例尺下原始数据的多级压缩模型。根据以上规则，我们可以认为原始矢量数据模型 $L^2(R)=V_0$，从 V_0 出发，V_1，V_2，…，V_m 可根据应用尺度函数表示，这个表达过程实际上就是采用小波多尺度分析将原始矢量地图数据 V_0 压缩到压缩的矢量地图数据 V_1，V_2，…，V_m 的过程。换句话说，它也是地图数据 $f(x)$ 在各个层次上的近似表示，这种二进制小波经过多级变换压缩后，会造成矢量数据产生不可避免的误差积累，从而产生变形甚至错误。

基于多进制小波变换的矢量数据压缩模型的中心思想[89]和方法与二进制相似，将空间 $L^2(R)$ 看成是某地理空间在特定比例尺下的地图数据模型，即 $L^2(R)=V_0=\{a_n^0\}_n \in Z$，于是，从 V_0 开始，应用尺度函数可以表示出 $V_i^M = \{a_m^i\}_m \in Z$ 且 $m=nl(i \times M)$，M 为进制，其中 $\{a_n^0\}$ 为原始矢量地图数据；$\{a_m^i\}$ 为压缩数据；V_i^M 为此比例尺下原始数据的 M 进制小波变换后的数据，脚

标 i 表示 i 级变换。采用多进制小波变换对矢量数据进行压缩消除了二进制中的误差累积，但却造成了变换后的数据中的地性线大部分遭到损坏，因而在对数据进行压缩之前最好先提取原始数据的地性线，压缩之后再插入，这样使得压缩效果会更好些。

B 样条小波的矢量数据压缩模型[89]则是以 B 样条函数为应用尺度函数，构造相应的小波函数，这种方法的优点在于：首先 B 样条小波是半正交的；其次 B 样条函数构造 B 样条小波和其导数也比较容易；最重要的就是 B 样条小波对偶数是对称的，而对于奇数是反对称的，这种对称性对于保持经小波分解并处理后再重建而得到的数据和原始数据相比较损失最小是至关重要的。

4.3 矢量数据无损压缩与简化

4.3.1 数据无损压缩的基本原理

无损压缩也称为无失真编码，在信息论中称为熵编码，简单地说，它是指压缩数据在还原，解压缩后，重构的数据完全等同于原始数据，没有任何数据损失。它主要是仅仅对文件本身进行压缩，采用某种算法来表示文件中重复的数据信息，优化文件的数据存储方式，从而减少文件的尺寸，压缩后的数据可以完全还原，不会影响文件的内容和使用。

从压缩所采取的模型不同，我们可以将无损压缩划分为两类：基于概率统计模型和基于字典模型的压缩技术。

(1)概率统计模型

概率统计模型下的压缩技术是通过对信息输入流的字符统计其出现的频率，用较多的位数对频率低的字符进行编码，用较少的位数对频率高的字符进行编码，这样处理后，整个输出流的总位数比输入流的总位数少，这就完成了对数据的有效压缩。建立这种模型的基本要求主要有两点：首先是解码要唯一，从而能再现原始信息；其次是平均码长尽量短，从而达到较好的压缩性能。

目前这种模型下的压缩算法大致可以划分为静态和自适应模型两类，静态模型需要预先扫描整个文件，统计每个字符在该文件中的出现概率。显而易见，这种扫描方式一般需要花费大量的时间，还需要在扫描中保存一份相应的概率表，这些都会降低数据压缩的效率。在进行文件解压时，先通过读入输入流的概率表从而建立相应的解压模型，接着逐一处理文件流中待解压的符号。

但自适应模型在压缩文件之前，无需读入整个文件流，即它不需建立概率表。该模型是先假设每个字符以相等的概率出现，这个概率将会随着文件中的字符不断输入和编码而不断更新，同样在解码时也是随着字符的读入而逐步建立并完善解压模型的。采用自适应模型方式随着压缩的不断进行，其压缩效果会越来越好。

基于概率统计模型的编码方法主要分为四大类，依次是香农-费诺编码、霍夫曼编码(Huffman)、游程编码、算术编码[25]。

(2)字典模型

字典模型的压缩思路在日常生活中很常见，如缩写词的大量使用等，也是信息压缩的一种方式。通过这种方式可实现信息压缩而不产生语义上的误解，主要是因为存在约定俗成的一个定义好的缩略语字典，信息的压缩与解压缩本质上是对字典的查询操作。字典模型压缩正是基于这一思路设计实现的。

类似地，基于字典模型的压缩算法也分为静态模型和自适应模型两种，一般而言静态字典模型通常不被采用，这是因为：第一，静态模型需要维护信息量很大的字典信息，并会影响最终的压缩效果；第二，静态模型的适应性较差，要为每一类不同的信息建立不同的字典，目前几乎所有通用的字典模型都采用自适应方式，动态地将已经编码过的信息作为字典。

4.3.2 常用数据无损压缩的方法

从上面一节，我们可以知道数据无损压缩主要采用了基于统计模型的压缩和基于字典模型的压缩，因此下面将从这两方面对相关的算法进行介绍。

1. 统计模型的压缩算法

基于统计模型的压缩算法中最具代表性和广泛应用性的有两种，一种是著名的霍夫曼编码算法，另外一种是算术编码。

(1)霍夫曼编码

霍夫曼(D. A. Huffman)于1952年发表《最小冗余代码的构造方法》，霍夫曼编码便是以该论文研究成果为基本理论构建的新型编码，它采用"编码树(coding tree)"技术，由下而上实现，它的压缩原理描述如下：首先统计出要编码字符的出现概率，随后对概率值较大的字符用较少的位数来表示，反之用较多的位数来表示，从而实现数据的压缩。这种编码处理方式决定了编码效率和目标字符概率分布之间的强相关性，即分布越集中压缩比越高。采用这种方式编码，首先需要统计出全部待处理字符的出现频率，然后根据统计结果建立相应的编码树，最后再进行编码，所以说霍夫曼编码是一种"静态统计模型"。

这种编码必须遵循累计权值(字符的统计数字×字符的编码长度)之和最小这一基本原则。

这种编码方法一方面继承了静态统计模型方式的所有缺点，另一方面使用这种方式虽然能够快速统计出各字符的出现频率，但是这种统计无法完全反映上述各个字符在不同局部的出现频率的变化情况。为了应对这一缺陷，后来范式霍夫曼编码被提出，它强调并非只能采用二叉树构建霍夫曼编码，并认为只要是前缀编码，且字符编码和使用二叉树建立的该字符编码具有相同的长度，均可称为霍夫曼编码。

范式霍夫曼编码的构造步骤如下：

①统计各编码符号的出现频率；

②根据频率信息计算它们在传统霍夫曼编码树中的深度；

③从最大编码长度到 1 分别统计每个长度各对应多少个符号，并根据统计结果从最大编码长度到 0，编码时按递增的顺序进行；

④保存按频率顺序排列的符号表和每组同样长度编码中的第一个编码及总编码数，同时输出编码后的结果。

采用范式霍夫曼编码我们可以在脱离任何树结构的前提下，进行快速的解压缩。其压缩过程较传统的霍夫曼编码效率高，理论上可以实现自适应霍夫曼编码，但必须考虑编码表的动态特性，这在技术上还存在不少难题，并且难以实现。另外，由于霍夫曼编码是不等长编码，导致其抗干扰能力较差。同时，霍夫曼编码对符号采用整数个二进制位进行编码，这大大降低了编码效率，不能得到最优的压缩算法，故后面基于概率统计模型发展出来新的编码方法——算术编码。

(2)算术编码

算术编码也是一种无损压缩方法，与其他熵编码的不同之处在于，其他熵编码通常将输入的信息分割为符号，随后对每个符号进行编码，而算术编码则是直接将整个输入的消息编码成一个数，一个满足($0.0 \leqslant m < 1.0$)的小数 m。

字符的概率和编码间隔是算术编码中最基本的两个参数，同时，信息源中的字符的概率不仅决定了压缩编码的效率而且也决定了编码过程中的符号的间隔，这里间隔分布范围是[0，1)。

构造算术编码的步骤大致如下：

步骤 1：对一组输入的信息源符号遵循符号的概率从大到小排序，将[0，1)设定为当前分析区间。比例间隔是在当前分析区间上按信息源符号的概率序列划分；

步骤 2：检索"输入消息序列"，锁定当前消息符号(初次检索的话就是第一个消息符号)。在当前分析区间中找到当前符号的比例间隔，将此间隔作为新的当前分析区间。并把当前分析区间的起点(即左端点)指示的数"补加"到编码输出数里。同时当前消息符号指针后移；

步骤 3：仍然按照信源符号的概率序列在当前分析区间划分比例间隔。然后重复步骤 2。直到"输入消息序列"检索完毕为止；

步骤 4：最后输出编码结果。

静态统计模型和自适应模型都可以很方便地用来实现算术编码[5]。其中，使用前者能达到非常接近无损压缩的熵极限，但它对信息的多样性适应能力比较差，而且前期需要耗费大量的时间去统计压缩前字符分布并且不能在整个文件中表示字符出现概率的局部变化情况。所以，静态统计模型方式在实际应用中不常见，而自适应模型方式能够弥补这一缺陷。通常使用自适应模型方式来实现算术编码，同时通过不断修正当前数据情况下的概率模型可以达到更好的压缩效率，一般来说，信源信号概率较为接近时，算术编码的压缩性能最好。

2. 字典模型的压缩算法

字典模型是建立在各种数据本身包含大量重复的代码的基础上，例如文本文件(码词表示字符)和光栅图像(码词表示像素)就具有这种特性。从压缩原理上分析，如果我们这些字符串用一些简单的代号来替换，那就可以完成数据的压缩，其实这种思想就是利用了信源符号之间的相关性，而这里的字典实质上就是字符串和代号之间的对应表。

从其构成方式上，字典编码可以划分为两种，一种是静态字典方法，另外一种是动态字典方法。静态字典方法的优点在于其编解码较简单，压缩效果较好，采用这种方法编码前需要分析信源符号的各种组合，并统计出字符串组合中可能性最高的字符串，但是这又会导致其通用性差和编码效率低。动态字典方法通用性好，但是与静态字典编码相比，其压缩效果不好，编解码算法较为复杂。

从编码方法上我们可以将字典编码划分为两类：第一类字典模型和第二类字典模型，下面介绍基于这两种模型的相关算法。

1)第一类字典编码算法

第一类字典编码算法的思想是查找当前正在被压缩的字符序列，如果这些字符序列中存在以前输入数据中的字符串，则用已出现过的字符串的"地址指针"替换重复的字符串，并输出该"指针"，这种编码的思想概念图如 4-9 所示。

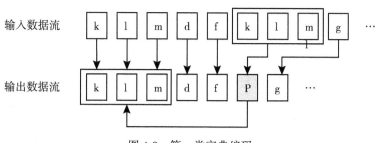

图 4-9 第一类字典编码

目前，应用第一类字典编码构建的算法都是以 Abraham Lempel 和 Jakob Ziv 于 1977 年开发和公开发表的称为 LZ77 算法为基础扩展开的，例如 1982 年由 Storer 和 Szymanski 改进的称为 LZSS 算法就是属于这种情况。第一类字典编码算法主要包括 LZ77 算法、LZSS 算法，LZSS 算法通过减少了 LZ77 算法中的冗余，提高了压缩比，可以说是对 LZ77 算法的一种改进。

为了便于后面对算法思想的理解，下面先介绍几个后面涉及的术语[37]：

①字符(character)——代表字符流中的基本数据单元；

②输入数据流(input stream)——需要压缩的字符序列；

③编码位置(coding position)——被压缩的字符序列中当前要编码的字符位置，也就是前向缓冲器的首字符；

④前向缓冲存储器(lookahead buffer)——代表存放从编码为指到输入数据流结束的字符序列的存储器；

⑤指针(pointer)——含长度并指向窗口中的匹配串的开始位置的指针；

⑥窗口(window)——指包含 W 个字符的窗口，即最后处理 W 个字符。

（1）LZ77 编码算法

LZ77 编码是通过匹配来压缩数据的，它将先前输入的正文作为一个字典，寻找与当前输入一样的数据流。如果能找到一个合适的匹配，则将输入中的短语用字典中的指针代替，如果不能找到一个合适的匹配，那么未编码的符号将决定当前的码字，这个过程将不断重复直到所有的符号被编码。

这一编码的压缩比主要依赖于三个要素，即字典短语的长度、原正文用 LZ77 模型描述的熵和先前看到的正文中的窗口大小。正文窗口是这种编码的主要数据结构，这种结构由最近被编码的一大块正文构成和一个前向缓冲存储器。LZ77 算法实际上是一种"滑动窗口压缩"，它的术语字典是一个可以跟随压缩进程滑动、虚拟的窗口，滑动中如果压缩的字符串出现在该窗口，此时需要输出该字符串的长度和出现的位置。

该算法不是在所有已经编码的信息中进行匹配，而是使用固定大小窗口进行术语匹配。主要是因为匹配耗时比较大，所以通过限制字典的大小来提高压缩效率。字典窗口随着压缩的进程滑动，考虑到对大多数信息而言，要编码的字符串在最近上下文中更容易找到匹配字符串，因此该算法将最近编码过的信息包含在窗口中。

滑动窗口存放输入流的前 m 个字节的相关信息，在滑动窗口中寻找与前向缓冲存储器中最匹配的数据，此时如果匹配的数据大于最小匹配长度则输出"长度、距离"数组，使用固定大小的窗口进行匹配的原因是，匹配算法耗时较长，需要限制字典的大小来保证该算法的效率，此外，随着压缩过程来动态滑动字典窗口，可更容易在上下文中找到匹配字符串。LZ77 编码算法的具体执行步骤为：

步骤 1：将输入数据流的开始位置设置为编码位置；

步骤 2：在窗口中查找最长的匹配串；

步骤 3：按照"（指针，长度）字符"的格式输出，这里的指针代表指向窗口中匹配串的指针，长度代表匹配字符的长度，前向缓冲存储器中的不匹配的首字符即为这里的字符；

步骤 4：判断前向缓冲存储器是否为空，如果是则将编码位置和窗口向前移（Length+1）个字符，随后返回步骤 2。

对于很多类型的数据采用 LZ77 编码算法进行压缩，都能得到较好的压缩比，但是其性能还是存在一定的问题。主要是因为正文窗口中的每个位置，在进行压缩编码时，都要和前向缓冲存储器进行比较。窗口如果变大，则需要同时增大字典来改进压缩性能，最终导致压缩性能更加恶化；在进行还原时，只拷贝短语这个性能瓶颈则没有影响，前向缓冲存储器或正文窗口大小的改变不会对还原程序产生影响。

（2）LZSS 编码算法

尽管 LZ77 通过输出真实字符解决了在窗口中出现没有匹配串的问题，可它带来两方面的冗余信息，即空指针和额外输出字符。LZSS 算法是从消除冗余信息而出发的，基本思路是：如果匹配串的长度比指针本身的长度小，则输出真实字符，否则输出指针。这样会出现指针和字符本身同时存在于输出的压缩数据流中的现象，可通过使用额外的标志位来标记从而对它们进行区分。

与 LZ77 算法相比，LZSS 编码在算法方面的改进主要体现在两点：其一是文本窗口的数据组织上，这种编码采用二叉搜索树来存储由当前缓冲区输入字典文本窗口的短语，替换了 LZ77 所使用的顺序结构来存储。显著提高了压缩速度；其二表现在输出代码方面，LZSS 编码算法为每一个输出短语使用一位前缀，用来标记当前输出的是偏移量，短语长度表示的短语还是单个字符，节省了对单个字符编码的开销，改进了压缩效果。LZSS 编码算法的步骤描述如下：

步骤 1：初始化编码位置，使其指向输入数据流的开始位置；

步骤 2：查找与窗口中最长的匹配串（在前向缓冲存储器中）。记录指针为匹配串指针，记录长度为匹配串长度。

步骤 3：与最小匹配串长度（MIN_LENGTH）相比，判断匹配串长度 Length 是否大于它，如果"是"，则将编码位置前移 Length 个字符，同时输出该指针。如果"否"，则将编码位置向前移一个字符，同时输出前向缓冲存储器中的首字符。

步骤 4：如果前向缓冲存储器非空，则返回步骤 2。

在同一计算机环境下，LZSS 算法不仅译码简单，而且可达到比 LZ77 更高的压缩比的效果，目前许多压缩算法都是在这种算法思想的基础上开发出来的，当然，它也能与熵编码组合使用。

2）第二类字典编码算法

第二类字典编码的主要思想是通过创建一个源于输入数据的"短语词典（dictionary of the phrases）"，编码进行中，如果出现短语词典中的"短语"，则将该短语在这个"短语词典"中的索引号输出。这个概念如图 4-10 所示。

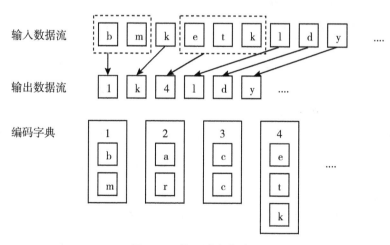

图 4-10　第二类字典编码

第二类字典编码算法主要包括 LZ78 算法和 LZW 算法两种。在描述第二类字典编码相关内容之前，先介绍几个在后面算法中用到的术语[37]：

①字符（Character）——它是字符流中的基本数据单元；

②字符流（Charstream）——输入的被编码的数据序列；

③码字（Code word）——代表词典中的一串字符，它是码字流中的基本数据单元；

④码字流（Codestream）——编码器的输出是由码字和字符组成的序列；

⑤前缀（Prefix）——指一个字符之前的字符序列；

⑥缀-符串（String）——由前缀+字符组成；

⑦当前前缀（Current prefix）——这里用 P 表示，代表编码过程中当前正在处理的前缀；

⑧词典（Dictionary）——缀-符串表，对每条缀-符串（String）按照词典中的索引号指定一个码字（Code word）；

⑨当前字符（Current character）——这里用 C 表示，在编码过程中指当前前缀之后的字符；

⑩当前码字（Current code word）——这里用 W 表示，在译码中指当前正在处理的码字，另外用 String. W 表示前码字的缀-符串。

（1）LZ78 编码算法

LZ78 编码的主要思想是：不断地从字符流中提取新的"词条"，并用"代号"来表示这个"词条"，编码过程中用"代号"去替换字符流（Charstream），这就生成了码子流（Codestream），它总是小于字符流的大小，采用这种方式就完成了对数据的压缩。这里的"词条"实际上就是新的缀-符串（String），代号也就是码字（Code word）。

LZ78 编码开始时它的字典为空，此时编码器将一个表示空字符串的特殊码字和字符流中的第一个字符 C 输出，接着把字符 C 作为一个缀-符串（String）添加到词典中。在编码过程中，如果出现类似的情况，也按以上方式去处理。当某些缀-符串（String）已经包含在词典中时，如果词典中已经存在"当前前缀 P+当前字符 C"，则用字符 C 来扩展这个前缀，同时这个扩展操作循环执行，直到在词典中没有缀-符串（String）时才终止，最后在词典中将作为前缀（Prefix）的 P+C 添加进来，同时输出表示当前前缀 P 的码字（Code word）和字符 C，接着处理字符流（Charstream）中的下一个前缀数据。

在 LZ78 编码器输出码字-字符（W，C）对时，每次输出码字-字符（W，C）对时，对与码字 W 相对应的缀-符串（String）用字符 C 进行扩展操作，在词典中同时添加新生成的缀-符串(String)。LZ78 编码的具体算法步骤描述如下：

步骤 1：开始编码时当前前缀 P 和词典记录为空。

步骤 2：判断当前字符 C 是否与字符流中的下一个字符相同。

步骤 3：对照词典，判断 P+C 是否存在其中：

①若"存在"：则用 C 扩展 P，记录 P 等于 P+C；

②若"不存在"：a. 输出当前字符 C 和与当前前缀 P 相对应的码字；b. 将字符串 P+C 添加到字典中；c. 同时将 P 设置为空值。

③ 分析字符流是否处理完毕：

a. 如果"没有处理完毕"：则返回到步骤 2 去执行。

b. 如果"处理完毕"：并且当前前缀 P 非空，则将当前前缀 P 相应的码字输出，并结束编码。

LZ78 译码词典在译码过程中通过码字流重构而来的，一开始它为空，每次从码字流中读入一对码字-字符(W，C)时，将码字与已经在词典中存在的缀-符串相比照，同时在字符流中输出当前码字的缀-符串 string. W 和字符 C，在字典中添加当前缀-符串(string. W+C)。这保证了译码结束时，译码生成的字典内容和重构的字典编完全相同[96]。LZ78 译码的算法步骤具体描述如下：

步骤 1：当译码开始时，词典中不存在任何内容；

步骤 2：将码字流中的下一个码字赋予当前码字 W；

步骤 3：设置当前字符 C 等于紧随码字之后的字符；

步骤 4：将当前码字的缀-符串 (string. W) 和字符 C 依次输出到字符流 (Charstream) 中；

步骤 5：在字典中添加 string. W+C；

步骤 6：判断码字流中是否处理完毕：

①如果"未处理完"，则返回到步骤 2 继续执行。

②如果"处理完毕"，则结束。

相对于 LZ77 算法而言，LZ78 的字典编码算法依赖于整个被编码的上下文[96]，这种算法的独特之处在于编码中减少了每个编码步骤中缀-符串比较的数目，不过它的压缩率和 LZ77 相当，但对大数据量文本数据压缩时，能表现出来的压缩率较 LZ77 高。

(2)LZW 编码算法

在后面 LZW 编码算法描述中，增加了一个术语——前缀根(Root)，其他术语和 LZ78 使用的相同，从编码原理上分析，LZW 与 LZ78 之间的差别[96]表现在两个方面：一方面，LZW 编码前它的初始字典不能为空，因为 LZW 编码过程中只输出代表词典中的缀-符串的码字，所以含在输入数据源可能出现中的所有单个字符，即前缀根（Root）。另一方面，在字典中搜索的第一个缀-符串由两个字符组成。这是因为字典包含所有可能出现的单个字符，这造成了每个编码步骤开始时，都须使用一个字符前缀（one-character prefix）。

LZW 编码是通过字典的转换表操作来完成的。将前缀（Prefix）的字符序列存储在这张转换表上，同时为转换表中每一项分配一个码字（Code word 或者叫做序号），见表 4-1。实际上，这张转换表是通过 8 位 ASCII 字符集扩充建立起来的，文本或图像中出现的可变长度 ASCII 字符串采取增加符号来表示。这使得我们可以用 9 位、10 位、11 位、12 位甚至更多的位来表示扩充后的代码。

表 4-1 　　　　　　　　　　　　　　　　字　　典

码字（Code word）	前缀（Prefix）
1	
…	…
255	
…	…
1435	eaqcdefxmF7865
…	…

通过使用这个词典 LZW 编码器（硬件编码器或者软件编码器）能实现编码数据和原始数据之间相互转换。它通过 8 位 ASCII 字符流（Charstream）完成原始数据输入，用 n 位（例如 12 位）表示输出的编码码字流（Codestream），这里提及的码字是指由单个字符或者多个字符构成的字符串。

LZW 编码是在一种很实用的贪婪分析算法基础上建立起来的，在这种算法中，通过串行地分析检查来自字符流的字符串，识别出最长字符串，即在词典中出现的最长的前缀，并将其从中分解出来。将已知前缀与下一个输入字符 C 进行组合，并作为该前缀的扩展字符，从而形成一个新的扩展字符串——缀-符串（String）：Prefix. C，通过判断字典中是否存在有和它相同的缀-符串 String，来确定这个新的缀-符串（String）是否要加到词典中，若存在则将这个缀-符串（String）看作是前缀（Prefix），同时输入新字符，否则，将生成一个新的前缀（Prefix），并用一个代码表示它，在字典中写入这个缀-符串（String）。

这种编码算法的具体执行步骤叙述如下[96]：

步骤 1：编码开始时字典包含所有可能的根（Root），同时当前前缀 P 为空；

步骤 2：记录当前字符(C)为字符流中下一个字符；

步骤 3：判断缀-符串 P+C 是否在字典存在；

①若"是"：记录 P 为 P+C。（通过 C 扩展 P）；

②若"否"：

a. 将代表当前前缀 P 的码字，输出到码字流；

b. 将代表缀-符串 P+C 追加到字典；

c. 记录当前前缀 P 为字符 C。

步骤 4：判断码字流是否处理完毕：

①若"是"，返回到步骤 2 去执行；

②若"否"，则执行下面操作：

a. 输出当前前缀 P 的码字到码字流；

b. 结束当前操作。

在分析 LZW 译码算法之前，先介绍两个术语，第一个术语是当前码字（Current code word），用 cW 来表示当前正在处理的码字，当前缀-符串表示为 string. cW；第二个术语是先前码字(Previous code word)，即先于当前码字的码字，用 pW 表示，先前缀-符串表示为 string. pW。

在开始译码前，LZW 算法所用字典与前面谈到的编码词字典相同，针对特定的目标数据，由全部可能的前缀根（roots）构成，当进行译码时，首先将先前码字(pW)记录下来，随后从码字流中读取当前码字(cW)，同时把当前前缀-符串 string. cW 输出，并在字典中添加由 string. cW 第一个字符扩展的先前缀-符串 string. pW，进行转换完成译码工作。

具体执行步骤如下：

步骤 1：将所有可能的前缀根（Root）填充到词典；

步骤 2：记录当前码字 cW 为码字流中第一个码字；

步骤 3：将当前缀-符串 string. cW 输出到码字流；

步骤 4：记录先前码字 pW 为当前码字 cW；

步骤 5：修改当前码字 cW，记录它为码字流中的下一个码字；

步骤 6：在字典中判断先前缀-符串 string. pW 是否存在：

①如果"是"：

a. 向字符流中输入先前缀-符串 string. pW；

b. 记录当前前缀 P 为先前缀-符串 string. pW；

c. 记录当前字符 C 为当前前缀-符串 string. cW 的首字符；

d. 在字典中添加缀-符串 P+C。

②如果"否"：

a. 记录当前前缀 P 为先前缀-符串 string. pW。

b. 记录当前字符 C 为当前前缀-符串 string. cW 的首字符。

c. 往字符流中输入缀-符串 P+C，同时在字典中添加它。

步骤 7：判断译码是否完毕：

①若"是"，返回到步骤 4。

②若"否"，结束。

相对于 LZ77 算法来说，因为 LZW 编码算法要执行的缀-符串比较操作较少，所以其运算速度更快。同时，使用 LZW 编码算法对各种类型的数据文件进行处理，都能达到较好的压缩效果。当前，LZW 编码算法得到了较为广泛的应用。

4.3.3 矢量数据无损压缩方法

1. 矢量数据无损压缩概述

当前，针对矢量数据的压缩方面的研究主要侧重于有损压缩，这种方式通过一定规则剔除冗余的坐标点，保留特征坐标点，在达到压缩数据目标的同时保持矢量要素的基本特征，这类压缩算法主要是通过牺牲一定的几何精度为前提，从而减少矢量数据的数据量，它所处理过的矢量数据存在不可复原性的缺点，同时使得矢量数据原本的信息量大为降低，本书前面章节中已经大致地介绍了矢量数据有损压缩相关方面的理论和算法，同时也阐述了通常的无损压缩相关理论与方法，下面介绍矢量数据的无损压缩。

目前对矢量地图数据的无损压缩技术的研究较少，与栅格数据结构不同，矢量数据的每一个数据都具有地理空间方面的含义，通用无损压缩算法主要是有效利用字符出现频率冗余度进行压缩，在普通文件压缩中具有较好的压缩率，但这类算法没有从矢量数据的特征加以考虑，使得它们在对矢量数据压缩时，其表现出来的压缩率和压缩效率无法达到理想的效果。

在矢量数据这类结构数据文件中，单一的压缩技术或算法无法达到满足应用的需要，故一般为了达到数据压缩的目的，需要综合运用多种压缩技术，例如文献[94]中提到"数据映射"和"长边加点"的组合方法，文献[93]中提到的"整数存储坐标"和"坐标偏移转换"的方法，通过这些组合对坐标的存储进行压缩。目前要使矢量地图数据达到较高的压缩率需要采用多种方法。矢量数据包含几何数据、属性数据。一般而言，几何数据与属性数据可以分开存储，也可以混合存储，考虑到地图本身主要是基于图形的展示，故目前大多数 GIS 数据格式都是采用分开存储的模式来提高应用效率的。其中几何数据中包括矢量数据的图形信息。属性数据则记录与该图形相关的其他辅助信息，主要是一些字符或文字方面的内容。

综上所述，结合矢量数据格式特点和网络数据传输机制，对于由点、线、面组成的几何图形数据，通过分析各几何图形要素的存储特点，采用几何压缩算法来剔除其中的冗余信息从而减少其存储量，完成第一步的压缩，而对于属性数据，它在存储方式的冗余度不大，因此，我们可以采用通用的无损压缩算法来进行第二步的压缩。

2. 矢量数据的存储压缩

在矢量数据点、线、面等要素中，其存储的主要是坐标串值，因此对矢量数据的存储压缩主要就是如何减少这些坐标串所占据的存储空间，从而使一定大小的存储空间内存储更多的矢量要素，只有解决矢量数据的存储压缩问题才能更为有效地加快矢量数据在网络上的传输速度。

总的来说，矢量数据存在以下存储压缩方法：

（1）整数变换法

我们一般采用浮点型或双精度型存储矢量数据的坐标，这种存储结构比较大，因而相对来说，耗费更长的网络传输时间。在计算机存储结构中，长整型占 4 字节的存储空间，浮点型或双精度型占 8 字节的存储空间，在计算机系统中，就各种十进制数据类型而言，整型数据是一种占有较少存储空间，具备最快运算速度的数据类型，它的数据精度范围是 [0，214783647]，这对大多数数据运算和数据存储而言都已经足够了。根据以上所述的这些特点，我们可以将浮点型或双精度型数据转换成整型，从而减少坐标数据的存储空间。

（2）相对坐标法

从浮点型或双精度坐标数据转换为整型坐标数据后，就一个区域范围而言，由于各个坐标是相邻存储的，所以各个坐标差值不大，各个坐标之间在 X 方向或者 Y 方向的差值集中在几十到几百之间，因此我们可以用相对坐标值来存储这些坐标，同时由于可以通过 ASCII 的换算，将差值坐标由占用 4 个字节表示的整型转换为只占用一个字节的字符型，这样我们获得转换后的数据量是原来的 1/4，从而减少了 3 倍的存储空间。

另外也有文献介绍其他相对坐标的方法，例如文献[94]中阐述了一种思路：首先将空间对象的坐标数值转换为整数，即通过乘以 10 的 n 次方，将数据小数点后部分变为整数，其次选择一个数据相对密集区中心作为参考原点，其他坐标与之进行偏移转换，最后对转换坐标值进行压缩，如图 4-11 所示。

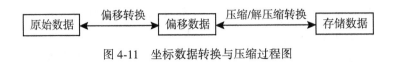

图 4-11　坐标数据转换与压缩过程图

文献[94]中采用了基于移位或者比较运算的整数压缩转换法，在计算机运算中移位或者比较运算的速度是最快的，因此上述方法可以保证压缩的速度。整数压缩转换法的优点在于通过记录原点坐标，并用相对坐标表示剩下的点，节省了矢量数据存储空间。不足之处在于点、线、面三种几何数据存储方式不一样，当进行偏移转换时，其中心点的选择缺少一定的规则来遵循。

3. 坐标几何无损压缩算法

上一节从坐标存储格式方面简单地叙述了矢量数据的存储压缩，但在实际应用中，如果不结合矢量数据的坐标分布的特点，则会出现诸如数据坐标数值偏大、偏小、不准等问题，其原因就是坐标值超过整数的限值，因此，我们需要从简单的几何运算入手来解决这一问题。几何压缩可以说是一种非常有效的减少模型数据存储量，从而加快数据网络传输速度的方法，其主要思想是：通过从存储方式上对原模型的几何坐标信息和拓扑信息进行重新编排，从而使用相对少的空间来表达原模型信息，这种压缩可以在保证数据高精度的前提下减小矢量数据的文件尺寸。

下面简要阐述对矢量数据坐标进行几何压缩的处理过程：首先采取快速高效的数据转换方法，将浮点数或双精度的矢量坐标数据转换成长整型，其次采用差分均值变换处理第一步的长整型坐标数据。通过第一步的转换不仅可减少数据存储冗余信息，而且还提高了后面进行差分均值变换的效率，之所以要进行差分均值变换，是出于以下目的：①减少数值的绝对值大小，避免后面计算中出现数值越界；②压缩后的数值相对集中，有利于提高 GZip 进行数据网络压缩传输的效率。

考虑到本书采用的基于矢量数据的传输方法不是采用整体传输的思想，因此，我们不能采用针对某一个矢量图层去考虑这种几何压缩，这里我们从整个需要传输的矢量数据考虑，假定图幅范围内左上角坐标为 (X_t, Y_t)；则基于点、线、面几何压缩与解压算法如下：

（1）点要素文件的几何压缩与解压缩算法

通常而言，点要素文件中的坐标是无序的，但就某一地理范围内的点而言，其坐标之间的差别并不大，一般表现在整数的个位和小数点后面一位至三位，这就给我们很大的压缩空间，通过坐标排序、差分均值变换这两者的结合，我们就可以对点要素进行有效的几何压缩。

①点要素坐标几何压缩算法步骤如下：

步骤1：计算各个点要素和左上角坐标的距离$\{d_0, d_1, d_2 \cdots, d_n\}$；

步骤2：按距离$\{d_0, d_1, d_2 \cdots, d_n\}$对点进行排序处理得到$\{(X_0, Y_0), (X_1, Y_1) \cdots (X_n, Y_n)\}$；

步骤3：求各个点在X方向和Y方向对左上角的差值，各点差值均乘以10^6，并将其各个差值以长整型来表示；

步骤4：最后计算各个点X，Y差值的平均值，转换为短整型，并记录下来。

②点要素真实坐标几何解压算法步骤如下：

步骤1：将各个点X，Y数字乘以2，并除以10^6；

步骤2：将步骤1中的X，Y结果分别和左上角的X_t，Y_t相加即可。

（2）线、面要素文件的几何压缩和解压缩算法

与点要素几何压缩相比，线和面要素文件的几何压缩就比较容易处理，最后能达到较好的压缩效果。在数字化采集中由于我们是按一定顺序对线和面进行采集的，这种方式使得存储中的线与面的坐标具有分段连续的性质，而且就单个线或面而言，它上面的点分布得比较集中，上面相邻坐标点之间的差值也比较小，故这里也将点要素文件的几何压缩应用到线和面中。

①线要素坐标几何压缩算法步骤如下：

步骤1：一条曲线或者一个多边形为单位，从起点至终点求它们与左上角(X_t, Y_t)的差值，同时，将各个差值乘以10^6，并对得到的X，Y采取长整型表示；

步骤2：将步骤1中得到的新的X坐标序列与Y坐标序列的差值，看成是不同的单位，分别求其均值；

步骤3：将步骤2处理后的结果转换为短整型并记录。

②线要素坐标几何解压算法步骤如下：

步骤1：一条曲线或者一个多边形为单位，从起点至终点求它们坐标中X，Y值的倍数；

步骤 2：将步骤 1 中得到的新的 X 坐标序列与 Y 坐标序列的除以 10^6，并转为浮点型数据；

步骤 3：将步骤 2 处理后的结果中的 X，Y 序列与左上角 X_l，Y_l 相加。

上述算法处理中，如果碰到处理后的绝对值仍然比较大，可以考虑采用二阶差分来进一步减少其绝对值，采用这种方法运算量小，压缩效率明显，而且充分考虑到通过存储左上角的坐标文件，就可以非常快速地换算出各个矢量块的真实坐标值。

4.4　GZip 压缩传输

GZip 最早由 Jean-loup Gailly 和 Mark Adler 创建，起初它主要用于 UNIX 系统中的文件压缩。目前在 UNIX 系统中我们常见的以后缀为 . gz 结尾的文件，就是采用 GZip 方法压缩而成的。实际上，GZip 方法是 LZ77 编码和霍夫曼编码的一个组合体，它对文件压缩的基本思路是：对于要压缩的文件，首先采用 LZ77 算法的一个变种进行压缩，对压缩后的结果再使用霍夫曼编码的方法。实际上在进行霍夫曼编码时，GZip 会根据文件的实际情况，选择使用静态霍夫曼编码或者动态霍夫曼编码。

目前，基于 HTTP 协议上的 GZip 编码是一种用来改进 Web 应用程序性能的技术，这种技术主要是考虑网页内容是由大量重复字符组成的，因此通过基于 LZ77 编码和霍夫曼编码组成的 GZip 编码可以非常高效地对诸如 html、css、js 以及文本文件等进行压缩后传输。基于 HTTP 协议上的 GZip 编码同样也分为压缩过程和解压过程两部分，这两个过程分别是由服务器端软件和客户端软件组成，目前基于服务器端软件搭建通常采用 Apache2. 4 和 mod_gzip 模块来搭建，而客户端则由浏览器自身自动完成解压。当前的浏览器 IE 系列 6 及以上、Firefox 等都支持客户端 GZip，也就是说，在服务器上的网页，传输之前先使用 GZip 压缩，再传输给客户端，客户端接收之后，由浏览器解压显示，虽然这样稍微占用了一些服务器和客户端的 CPU，但是换来的是更高的带宽利用率。一般而言，采用 GZip 编码可以使网页的压缩比达到 40% ~ 80%，其示意图如图 4-12 所示。

GZip 主要是针对 JavaScript、CSS、HTML、xml 以及文本文件（plain text）而采用网络压缩传输编码，对已经压缩过的诸如 GIF、JPG、PNG 等效果不大。

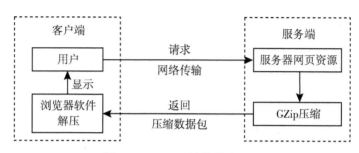

图 4-12　GZip 压缩传输流程图

4.5　矢量数据传输策略

传统的矢量数据传输，都是采用以层为单位的思想，对矢量数据进行整体性传输。这种传输的最大优势在于既保证了数据传输的完整性，也保证了数据之间的关系。但这样的传输方式具有开始时用户需要长时间的等待数据下载，而且还过多地传输了不需要矢量数据等缺点，同时也大大地降低了用户的体验。因此，下面将主要介绍本研究在矢量传输中所用的策略。

4.5.1　控制刷新数据量

前面我们一直提到通过减少矢量数据的传输数量，来提高 WebGIS 应用中用户的体验感受，那么到底以多大的数据量传输，才能使客户端的用户获得良好的用户体验呢？要回答这个问题，则需要从影响用户体验的几方面进行分析，目前影响用户体验的因素主要有以下五个方面：①服务器端计算机硬件及软件；②服务器端网络带宽；③客户端计算机硬件及软件；④客户端的网络带宽；⑤网络传输的数据量。

以上五个影响因素中，我们假定服务器端、客户端的软硬件环境以及网络带宽一定，那么影响此种情况下的用户体验只有网络传输的数据量了。前面第二章第三节栅格数据 WebGIS 实验中我们已经得出了地图图片块应控制在 34K 以内，当时实验是基于 1366×768 的屏幕分辨率，考虑到目前网络用户的计算机大部分分辨率为 1024×768，图片数据全部刷新这种极限情况下，通过以下公式：行数 =768/256；列数 =1024/256，我们可以得出行数为 3，列数为 4，因此我们需要将刷新的数据量的极限控制在 3×4×34= 408K 以内，实际用户操作中，地图窗口刷新的范围一般是整个地图窗口的一半，也就是刷新的数据量是上面的 1/2，即 204K。实际上在本次实验中，是以将单块的矢量数据量控制在 34K 以内为标准实施的。

另外，也可以通过先传输后显示来进行，将矢量图形按小比例分块，调用时分配到小比例尺中，当地图放大的时候，在大比例尺下再显示出来。

4.5.2　基于特征要素交互式自适应传输

前面已经叙述了基于特征要素的空间数据组织方面的理论，这里需要介绍它与面向对象思想的联系，基于特征要素和面向对象在概念、数据组织上具有一定的相通性：首先它们都是把客观事物作为一个整体来看待；其次二者都是将现实世界中的事物抽象成具有某些共同特性的类型，借助类或对象来进行管理；最后，它们的处理对象都具有独立性、封装性和完整性的特点。尽管这种采用面向对象的思想建立的空间数据组织模型还不成熟，但这种面向对象的思路仍具有广泛的应用前景。

目前，实际应用中我们一般采取分层的思想去组织数据，这符合人们对空间地理现象分类的组织思路。本研究在矢量数据传输中采用层次增量分块矢量模型来组织矢量数据，通过传输矢量块的方式来实现矢量数据的网络传输，这种传输的对象是基于点、线、面三种类型特征的矢量块，通过显示比例尺来控制所需的矢量块数据的传输，这使得我们可以将同一比例尺下需要传输的同一种类型对象所在的矢量块合并在一起，通过插入类别关键字实现层的区分，这样就减少了客户端向服务器端通信的次数，减轻了服务的负担。其示意图如图 4-13 所示。

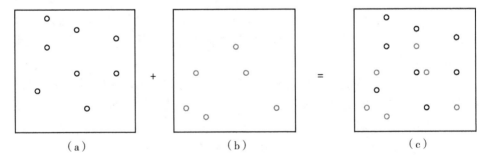

（a）　　　　　　　　　（b）　　　　　　　　　（c）

图 4-13　点要素矢量块合并示意图

WebGIS 应用中的数据网络传输，从应用层方面讲，我们可以将数据传输分为交互式传输和非交互传输两种，具体含义如下：

所谓交互式传输是指在网络客户端环境中，用户根据当前屏幕上已经显示出来的地图内容，从主观方面判断这些地图内容信息是否与自己当前的需求相一致，如果一致，则客户端用户主动地结束地图数据的网络传输，否则继续向地图服务器请求地图数据。非交互式传输是指服务器端通过检测客户端用户的网络状况后再决定传输的数据量。当用户当前网络带宽小，状况比较差时，则服务器只将占地图大部分能量的低频信息传送给客户端用户，而如果用户网络带宽大，状况比较好时，服务器会同时将表示地图细节的高频信息传输到客户端用户。总的来说，交互式传输和非交互式传输不是互相排斥的，在用户交互式地图操作情形中，一旦用户停止对地图的任何操作，服务器端就会接管数据的传输，并转入到非交互式传输中。另一种情形是在非交互式传输方式下，一旦用户对地图进行了一定的操作，那么这种传输也就由非交互式转换到交互式中。

自适应式在矢量地图数据传输研究中指的是服务器和客户端根据当前网络带宽自主调整编码和解码速率。自适应传输的优点在于，当网络带宽不稳定的时候，客户端可以自主将带宽波动特征反馈给服务器。当服务器接收到客户端反馈信息后，将会自主按某种算法调整编码速率，并让客户端也同时调整解码速率和缓冲区大小。自主适应的传输方法可以大大提高数据的传输效率。

非自适应方法是指服务器和客户端按固有的速率进行编码和解码。这种方式既实现简单，也比较适合网络带宽比较稳定的情况下进行地图数据的传输。在实际网络条件复杂多样的情况下，网络带宽通常是不稳定的，因此非自适应数据的传输效率会显著降低，自适应方法在这种情况下更为适合。

4.5.3　基于 Web Service 的交互式异步传输

WeGIS 的应用离不开软件技术的支持，因此这就涉及计算机软件技术方面的一些数据调用与传输方面的技术，目前，软件模块之间通常通过一定的接口来实现相互之间的调用，从接口（对象或者方法）调用方式上讲，我们可以将其分为同步调用、回调以及异步调用。同步调用是一种阻塞式调用，它也是一种单向调用，调用方需要等对方执行完毕才返回；回调则是一种双向的调用方式，其含义是被调用方在其接口被调用时也会调用对方的接口；而异步调用是一种类似消息或事件的机制，它的调用方向正好相反，当接口的服务在收到某种消息或者发生的事件时，它会主动去通知客户方，即调用客户方的接口。因此，我们在软件编码中，通常使用回调方式实现异步消息（事件）的注册，通过异步调用来实现消息的通知和数据的传输。三种方式示意图如图 4-14

所示。

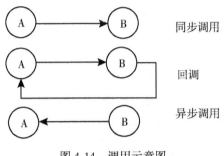

图 4-14　调用示意图

（1）基于 Ajax（Asynchronous JavaScript and XML）的异步调用

在传统的 Web 应用中，数据一般采用同步交互方式。例如，在 WebGIS中，如果用户向服务器触发一个 GIS 请求，服务器将根据请求执行空间数据操作，最后向发出请求的用户返回相应的结果。而在服务器处理请求、传输结果给用户的过程中，用户只能处于等待状态，屏幕当前窗口空白一片，而且无法进行其他操作。这种方式使得数据传输效率低，用户操作响应时间长，影响用户的体验。

与上述传统的方式不同，采用异步交互式传输的 Ajax 方式来进行数据的传送，通过在用户与服务器之间引入一个中间层——Ajax 引擎，从而使用户操作和服务器响应异步化——并不是所有的用户请求都提交给服务器，例如一些数据处理和数据验证等则交给 Ajax 引擎自己来完成，只有确定需要从服务器读取新数据时，才由 Ajax 引擎代为向服务器提交请求，这样就消除了网络交互式中的响应、处理、等待、再处理、再等待的问题。它包含五个方面的内容：①使用 XHTML 和 CSS 标准化呈现；②使用 DOM 实现动态显示和交互；③使用 XML 和 XSLT 进行数据交换与处理；④使用 XMLHttpRequest 进行异步数据读取；⑤最后用 JavaScript 绑定和处理所有数据。

基于传统同步交互模式与异步交互模式的比较如图 4-15 所示。

（2）. NET 环境下基于回调的 Web 服务异步调用技术

回调是微软的 . NET 下提供的一种与 Web 服务方法进行异步调用交互的应用机制，它的基本思路是：调用异步函数时，在参数中放入一个函数地址，异步函数将此地址保存下来，一旦有了结果，回调此函数便可以向调用方发出

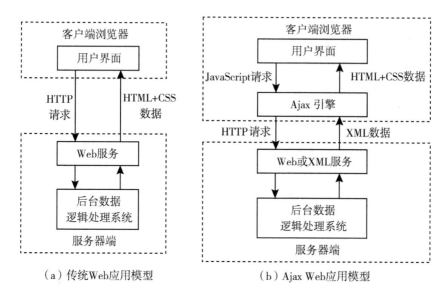

（a）传统Web应用模型　　　　　　（b）Ajax Web应用模型

图 4-15　两种 Web 应用模型比较

通知。如果我们将异步函数包装进一个对象中，并可以用事件替换回调函数的地址，这样就能通过事件处理例程向调用方发送通知。

在 .NET 环境中，实现方式是它通过允许提交一个用来在代码中标识特定方法，即 Callback 回调方法，给 AsyncCallback 委托，这个委托用来传递对相应回调方法的引用，当异步操作完成时就通过调用该委托的同时向其传递相关联的 IAsyncResult 对象。

在 .NET 中，实现上述基于回调下的异步调用的基本步骤为：

步骤 1：创建 AsyncCallback 委托变量，并指向回调方法。

步骤 2：调用 Begin 方法。这里 callback 参数就是上面的 AsyncCallback 委托变量。如果需要，可使用 asyncState 参数，通过它传递回调方法中所需要的对象，例如，当前 Web 服务代理类实例。否则将无需使用 asyncState 参数设为 null。

步骤 3：最后，编写相应的回调方法的实现代码，其中应包含对 End 方法的调用，它是用来获取相应的结果。

基于回调机制的 Web 服务异步调用过程如图 4-16 所示。

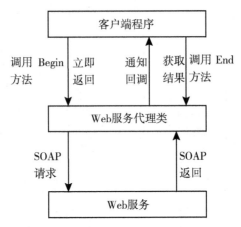

图 4-16　回调机制的 Web 服务异步调用过程图

4.6　本章小结

本章主要介绍了矢量数据压缩与传输方面的内容，主要包括：

①首先从数据类别、信息量等方面介绍了数据压缩方面的基本原理和所采取的一般方法，其次从有损压缩和无损压缩两方面对通用数据压缩、空间数据压缩进行了分类方面的探讨。

②介绍了矢量数据有损压缩基本原理及方法，阐述整体压缩和局部压缩两种思想，分析了基于间隔取点法、垂距法、偏角法、光栏法、道格拉斯-普克法、小波变换的矢量数据压缩相关算法思想。

③从统计模型和字典模型两方面对常用的无损压缩算法进行了阐述，并在分析了它们各自特点的基础上阐述了它们适用的情形。

④结合本研究需要传输的矢量数据的特点，以及考虑到矢量数据压缩不失真，指出需要对矢量数据采取多种压缩算法组合使用才能达到效果，同时阐述了矢量数据存储压缩和坐标无损压缩方面的算法思路。

⑤GZip 编码作为一种高效的网页压缩传输方式，它通过 LZ77 编码和霍夫曼编码组合，极大地提高了网页传输的速度，因此，我们可以将这种基于服务器和客户端两端的组合压缩技术应用到矢量数据压缩与网络传输中去。

⑥结合服务器端的矢量数据组织，提出了从控制刷新数据量，采取基于特征要素交互式传输和基于 Web Service 的交互式异步传输等方面的数据传输策略来改善用户体验。

第五章　矢量数据网络传输实验与分析

本章将根据前面叙述的矢量数据压缩方法、层次增量分块矢量模型以及 GZip 网络压缩传输和异步交互式传输等方面的内容，借助 Silverlight 技术搭建一个基于层次增量分块矢量模型下的矢量数据的网络传输，并对测试数据进行分析。实验总体框架如图 5-1 所示。

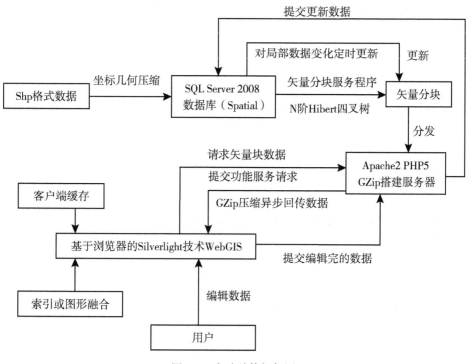

图 5-1　实验总体框架图

5.1　实验环境

5.1.1　实验数据

本研究采用的数据为 90 坐标系下天津地图数据，该数据划分为两部分，一部分是基础地理数据，另一部分是专题数据。

1. 基础地理数据

（1）面状要素

面状要素的类别码和名称见表 5-1。

表 5-1　　　　　　　　　　　　　面 状 要 素

类别码		名称	备注
面 状 要 素	1	行政境界	
	2	街区	
	3	水系	湖泊、水库、河流
	4	绿地	

（2）线状要素

线状要素的类别码和名称见表 5-2。

表 5-2　　　　　　　　　　　　　线 状 要 素

类别码		名称	备注
线 状 要 素	1	高速公路	
	2	国道	
	3	省道	
	4	主要道路	
	5	一般路	
	6	铁路	铁路、轻轨、地铁

（3）点状要素

点状要素的类别码和名称见表 5-3。

表 5-3 **点 状 要 素**

类别码		名称	备注
点状要素	1	区、县	
	2	乡级	
	3	镇级	
	4	村级	
	5	街级	
	6	开发区	

2. 专题数据

（1）一级大类汇总表

专题数据一级大类汇总详见表 5-4。

表 5-4 **专题数据一级大类汇总表**

类别码	名称	备注
1	餐饮美食	
2	休闲娱乐	
3	时尚购物	
4	生活服务	
5	综合服务	

（2）二级大类汇总表

①餐饮美食数据见表 5-5。

表 5-5 **餐饮美食数据**

序号	编码	名称	备注
0	1001	粤港菜	
1	1002	川菜	
2	1003	上海菜	
3	1004	山东菜	
4	1005	湘菜	
5	1006	东北菜	
6	1007	西北风味	

续表

序号	编码	名称	备注
7	1008	天津风味	
8	1009	海鲜	
9	1010	西餐	
10	1011	日韩菜	
11	1012	冷饮糕点	
12	1013	烧烤	
13	1014	特色小吃	
14	1015	火锅/砂锅	
15	1016	清真	
16	1017	综合	

②休闲娱乐数据见表5-6。

表 5-6　　　　　　　　　休闲娱乐数据

序号	编码	名称	备注
0	1101	咖啡馆	
1	1102	茶馆	
2	1103	KTV 夜总会	
3	1104	洗浴按摩	
4	1105	书店音像	
5	1106	影剧院	
6	1107	酒吧	
7	1108	网吧	
8	1109	美容美体	
9	1110	健身体育	
10	1111	公园景点	

③时尚购物数据见表5-7。

表 5-7　　　　　　　　　时尚购物数据

序号	编码	名称	备注
0	1201	笔记本/PC	

续表

序号	编码	名称	备注
1	1202	数码通讯	
2	1203	软件/服务	
3	1204	服装服饰	
4	1205	综合卖场	
5	1206	家用电器	
6	1207	化妆品	
7	1208	家具/家居	
8	1209	礼品/工艺品	
9	1210	汽车/4S	
10	1211	文体用品	
11	1212	办公用品	

④生活服务数据见表5-8。

表5-8 生活服务数据

序号	编码	名称	备注
0	1301	普通酒店	
1	1302	星级宾馆	
2	1303	公寓小区	
3	1304	旅游公司	
4	1305	房屋中介	
5	1306	律师事务所	
6	1307	装修装饰	
7	1308	婚庆摄影	
8	1309	药店/医院	
9	1310	花店	
10	1311	眼镜店	
11	1312	摄影/冲洗	
12	1313	文印/图文店	

续表

序号	编码	名称	备注
13	1314	物业	
14	1315	其他	
15	1316	道路	
16	1317	公共交通	
17	1318	金融服务	

⑤综合服务数据见表 5-9。

表 5-9　　　　　　　　　　综合服务数据

序号	编码	名称	备注
0	1401	政府机关	
1	1402	教育培训	
2	1403	驻津机构	
3	1404	幼儿园	
4	1405	科研机构	
5	1406	中小学	
6	1407	大专院校	
7	1408	家政/保洁	
8	1409	搬家	
9	1410	送水/液化气	
10	1411	家教	
11	1412	洗衣店	
12	1413	汽车养护	
13	1414	房屋中介	
14	1415	宠物医院	

5.1.2　软件环境与硬件环境

为了验证上述几章所谈到的模型、算法和相关思想，结合实践应用的需要，我们搭建了如下的实验环境，具体如下：

1. 硬件环境

服务器配置见表 5-10。网络配置：10 兆 联通光纤。

表 5-10   **服务器配置表**

序号	服务器配置	用 途
1	DELL PE2900III	应用服务器
2	Dell2850	矢量块/数据库
3	Dell2650	矢量块/数据库

2. 服务器网站软件配置环境

Web 服务器软件：Apache2.11，Tomcat5.3。

Web 服务器端语言：PHP5.2.9，JAVA1.7。

Web 服务器端采用的数据库：Mysql5.1，SQL Server2008。

3. 三台服务器搭建的 WebGIS 结构

服务器端三台服务器各配置两块千兆网卡，通过路由器在内网实现连接，另外一块网卡则同时连接到路由器/交换机上，应用服务器负责接收前端互联网用户发出的各种请求，然后通过 Apache2.0 的服务器负载均衡（Load Balance）技术实现分流和反馈，从而减轻应用服务的负担。同时，路由器/交换机与互联网采用 10 兆独享光纤连接。三台服务器搭建的 WebGIS 结构图如图 5-2 所示。

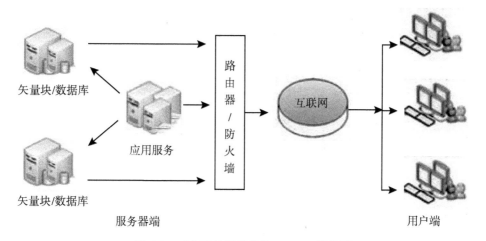

图 5-2 三台服务器搭建的 WebGIS 结构图

5.2 矢量块的简化压缩分析

遵循人们对远处事物由远及近的认识过程，矢量地图缩放中的在线显示也符合这一规则，借鉴于瓦片地图切割中所采用的地图要素显示的设置值，依托 ArcGIS 地理信息软件，我们将矢量数据的显示划分为 10 个等级，并确立相应的各个比例尺值，将相关图层的显示划分到该比例尺下，为后面应用层次增量模型、初始矢量块和增量矢量块的切割做准备，大致分类见表 5-11。

表 5-11 分块分类表

等级	比例尺	增量层
1	1∶1408000	行政境界、区\县、乡镇
2	1∶704000	铁路、高速公路
3	1∶352000	国道、村级
4	1∶176000	一级水系(面积比较大)
5	1∶88000	绿地
6	1∶44000	省道/二级水系(面积比较小)
7	1∶22000	城市街区/主要道路
8	1∶11000	综合服务/一般路
9	1∶5500	生活服务/餐饮美食
10	1∶2750	休闲娱乐/时尚购物

增量矢量数据简化压缩处理流程如图 5-3 所示。

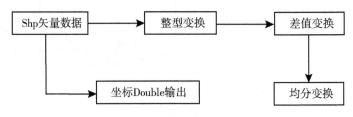

图 5-3 增量矢量数据简化压缩处理流程图

矢量数据简化压缩处理前后比较见表 5-12。

表 5-12 矢量数据简化压缩处理前后数据比较表

等级	原始尺寸 (Shp 格式)(MB)	坐标输出十进制 (double 型)(MB)	压缩简化处理后数据 量(int 型)(MB)	压缩简化处理后 压缩比(%)
1	0.81	1.01	0.59	27.16
2	1.23	1.65	0.89	27.76
3	1.02	1.28	0.76	25.49
4	2.68	3.48	1.94	27.61
5	3.38	4.12	2.45	27.53
6	11.46	14.04	8.46	26.18
7	34.46	42.07	24.90	27.75
8	23.86	30.54	17.26	27.63
9	87.45	106.18	62.19	28.89
10	125.67	153.85	89.07	29.12

矢量数据简化压缩处理前后数据比较曲线如图 5-4 所示。

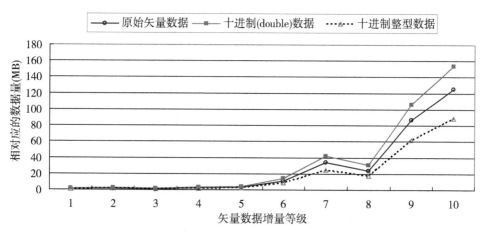

图 5-4 矢量数据简化压缩处理前后数据比较曲线图

在实验中，我们采用前面第三章提到的几何压缩算法，为了更直观地表现出数据量的变化情况，我们采用两种方式来处理原始的矢量数据，方式一：程序将原始格式矢量数据(Shp)的二进制坐标输出为十进制的 double 型文本文件；方式二：采取几何压缩简化算法对十进制坐标进行整型变换和差值变换，从而获得压缩简化处理后的数据量[(x，y)坐标值之间添加了","分隔符以及换行符]，分析表中相对原始数据的压缩比数值，我们可以得出采用几何压缩简化算法处理后的矢量数据，其数据量减少原始二进制坐标数据量的近30%。

下面我们将按照层次增量分块矢量模型的思想对相应的数据进行分块处理，从而建立不同比例尺下的规则矢量块。

等级1：我们将矢量数据按点和面分别分割为2×2＝4，共8个文件。

等级2：由于都是线，可以合并一起后通过特征码区别，我们将等级1下的数据分割成4×4＝16个线坐标文本文件(.js)，分块后矢量数据块文件的大小统计见表5-13。

表5-13　　　　　　　等级1、2分块后矢量数据块文件大小统计表

等级1

尺寸范围	数目	百分比(%)
[3, 5]	4	50
(140, 153]	4	50

等级2

尺寸范围	数目	百分比(%)
(30, 40]	2	12.5
(40, 50]	5	31.25
(50, 60]	7	43.75
(65, 75]	2	12.5

等级3：我们将矢量数据按点和线分割为8×8＝64，共64×2＝128。

等级4：我们将等级3下的数据按面分割成16×16＝256个坐标文本文件(.js)，分块后矢量数据块的尺寸统计见表5-14。

表5-14　　　　　　　等级3，4分块后矢量数据块文件大小统计表

等级3

尺寸范围	数目	百分比(%)
[0, 1]	45	35.156
(1, 2]	12	9.37
(2, 3]	3	2.34
(3, 4]	5	3.90
(4, 5]	6	4.68
(5, 6]	35	27.34
(9, 12]	6	4.68
(16, 25]	16	12.5

等级4

尺寸范围	数目	百分比(%)
[0, 1]	80	31.25
(1, 2]	34	13.28
(4, 5]	18	7.03
(5, 6]	51	19.92
(6, 7]	6	2.34
(7, 8]	19	7.42
(8, 9]	31	12.11
(16, 18]	17	6.64

等级 5：我们将矢量数据按面分割为 $32 \times 32 = 1024$。

等级 6：我们将等级 5 下的数据按线和面各分割成 $64 \times 64 = 4096$ 个，共 $4096 \times 2 = 8192$ 坐标文本文件（.js），分块后矢量数据块的尺寸统计见表 5-15。

表 5-15 **等级 5，6 分块后矢量数据块文件大小统计表**

	等级 5			等级 6	
尺寸范围	数目	百分比(%)	尺寸范围	数目	百分比(%)
[0, 1]	425	41.50	[0, 1]	5120	62.50
(1, 2]	315	30.76	(1, 2]	1430	17.45
(2, 3]	45	4.39	(2, 3]	50	0.61
(3, 4]	32	3.12	(3, 4]	1546	18.87
(4, 5]	204	19.92	(4, 5]	34	0.41
(5, 6]	3	0.29	(5, 6]	12	0.14

等级 7：我们将矢量数据按线和面各分割为 $128 \times 128 = 16384$，共 $16384 \times 2 = 32768$。

等级 8：我们将等级 7 下的数据按线和点各分割成 $256 \times 256 = 65536$ 个，共 $65536 \times 2 = 131072$ 坐标文本文件（.js），分块后矢量数据块的尺寸统计见表 5-16。

表 5-16 **等级 7，8 分块后矢量数据块文件大小统计表**

	等级 7			等级 8	
尺寸范围	数目	百分比(%)	尺寸范围	数目	百分比(%)
[0, 1]	22912	69.92	[0, 1]	93256	71.148
(1, 2]	6628	20.22	(1, 2]	23101	17.62
(2, 3]	2762	8.43	(2, 3]	8976	6.848
(3, 4]	42	0.12	(3, 4]	5733	4.374
(4, 5]	312	0.95	(4, 5]	6	0.004
(5, 6]	112	0.34	(5, 6]		

等级 9：我们将矢量数据分割为 $512 \times 512 = 262144$。

等级 10：由于需要分块的都是点状要素，遵循前面的分块流程，我们将等级 9 下的数据分割成 1024×1024＝1048576 个坐标文本文件（.js），分块后矢量数据块的尺寸统计见表 5-17。

表 5-17　　　　　等级 9，10 分块后矢量数据块文件大小统计表

等级 9			等级 10		
尺寸范围	数目	百分比（%）	尺寸范围	数目	百分比（%）
［0，1］	231456	88.29	［0，1］	1005540	95.895
（1，2］	23313	8.89	（1，2］	27098	2.584
（2，3］	6028	2.29	（2，3］	6758	0.644
（3，4］	819	0.32	（3，4］	8808	0.839
（4，5］	230	0.087	（4，5］	258	0.0246
（5，6］	298	0.113	（5，6］	114	0.01087

分析上述表格中的数据，我们可以得出这样的结论：随着分块比例尺的增加，也就是层次越高，矢量块文件所占的总的存储空间增加，矢量块文件集合中数据量小的文件数所占的比重越高，矢量块文件的数据量也逐渐减少。对照第二章第 2.3.3 节中栅格图片文件大小分析，我们可以看出采用层次增量分块数据模型建立起来的矢量块，在最小比例尺下，它的分块文件大小和同比例尺下的地图图片文件大小相比，其尺寸略大，但随着比例尺的增加，其矢量块文件大小远远小于同级比例尺小的地图图片。这也就保证了在相同的网络环境下，矢量块文件的传输效率要高于栅格地图图片数据传输效率。

5.3　GZip 网络压缩分析

GZip 实验测试环境分两步：第一步就是搭建服务器端环境，简单地说就是搭建基于 GZip 压缩的服务器端软件环境，建立网络访问的站点；第二步就是借助在线 GZipTest 工具客户端通过浏览器调用服务器端测试数据。

①搭建了基于 Apache2.11 和 PHP5.2.9 环境下的 GZip 服务器端。

Apache2.11 开启 GZip 压缩功能需要用到模块 mod_deflate.so，默认下它在%Apache 安装路径%/modules 文件夹下。Apache2.11 安装后并没有在%Apache 安装路径%/conf 下的 httpd.conf 文件里面，是没有加载这一模块的，

因此，我们必须手动进行配置，在 httpd. conf 文件里面添加以下关键性内容：

LoadModule deflate_module modules/mod_deflate. so

AddOutputFilterByType DEFLATE text/html text/php text/plain text/css text/xml text/javascript

DeflateCompressionLevel4

SetOutputFilter DEFLATE

其中：第一行是加载 mod_deflate. so 模块；

第二行是对 text/html text/php plain text/css text/xml text/javascript 启用 GZip 压缩；

第三行是设置压缩级别，范围在[1，9]，在实验中设置为 4；

第四行启用 deflate 模块对本站点的所有输出进行 GZip 压缩。

②测试数据选择分块后的不同文件大小范围的矢量块数据，每个范围测试 1000 次，求这个范围平均压缩比。

实验统计的结果见表 5-18。

表 5-18 **GZip 压缩统计表**

序号	尺寸范围	压缩比(%)
0	[0，0.1]	-5.12
1	[0.1，1]	8.56
2	(1，2]	56.64
3	(2，3]	59.17
4	(3，4]	63.07
5	(4，5]	67.77
6	(5，6]	68.35
7	(6，7]	71.98
8	(7，8]	71.56
9	(8，9]	71.68
10	(9，10]	72.12
11	(10，11]	72.74

根据上面统计表生成的 GZip 网络压缩比绘制出走向曲线图，如图 5-5 所示。

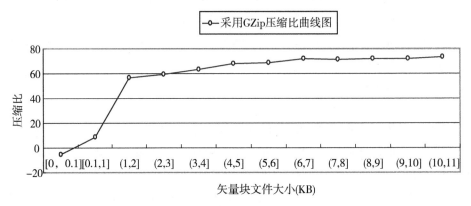

图 5-5 GZip 网络压缩比走向曲线图

从表 5-18 和图 5-5 中我们可以发现 GZip 对文本格式的基于数字组成的矢量坐标系统具有较大的压缩比，尽管实时压缩需要占用少量服务器的 CPU 进行运算，实际上这种影响是相当小的，因此，我们可以将这种网络压缩传输与 WebGIS 实际应用结合起来。

5.4 实验性能方面分析及功能实现

Microsoft Silverlight 是微软所发展的基于 Web 前端应用程序开发解决方案，是微软面向丰富型互联网应用程序（Rich Internet Application）策略的主要应用程序开发平台之一，它以浏览器的外挂组件形式，提供了 Web 应用程序中多媒体与高度交互性前端应用程序之间的解决方案，同时它也是微软 UX（用户经验）策略中的一环，是微软试图将美术设计和程序开发人员的工作明确切分与协同合作发展应用程序的尝试之一[97]，它具有跨浏览器、跨客户平台的技术特点。

下面将从矢量数据网络传输所耗费的时间、采用缓存机制所耗费的时间以及客户端融合所耗费的时间三方面对基于 Microsoft Silverlight 环境下搭建的矢量数据传输实验进行性能方面的分析。

1. 性能方面分析

测试的基本过程：事先随机产生一些坐标点，依次用这些点在客户端模拟单个用户的平移、放大和缩小操作，用户动作间隔设定 10s。网络传输耗时和缓存耗时用 Httpwath7.0 profressional edition 版本测试软件，数据融合耗时通过程序计时获取，测试软件记录每次操作的开始时间和完成时间，进而计算得到每个操作所耗费的时间（见表 5-19）。为了提高测试结果可信度，每次测试设定用户分别进行 1000 次平移、缩放操作，计算平均值，至于缓存测试，则采取上述过程的逆过程进行测试。

表 5-19　　　　　　　　　　实验测试耗时统计表

比例尺等级	网络传输耗时（ms）		数据融合耗时（ms）		缓存耗时（ms）	
	总耗时	每块耗时	总耗时	每块耗时	总耗时	每块耗时
1	11024	2756	103	26	12	3
2	10520	1052	120	12	24	5
3	10362	942	154	15	32	4
4	9720	810	168	14	35	3
5	9664	690	154	11	34	4
6	9450	630	165	11	38	5
7	7440	465	256	16	37	4
8	6960	435	192	12	35	3
9	6462	378	102	6	38	3
10	6336	352	126	7	36	2

网络传输耗时曲线图如图 5-6 所示。

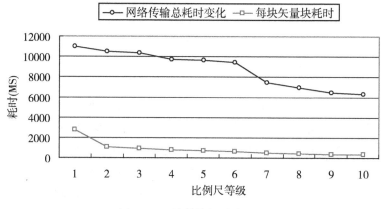

图 5-6　网络传输耗时曲线图

数据融合耗时曲线图如图 5-7 所示。

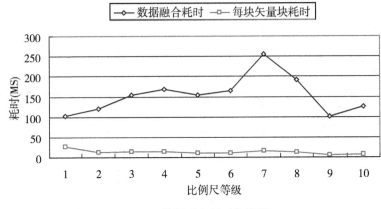

图 5-7　数据融合耗时曲线图

缓存耗时曲线图如图 5-8 所示。

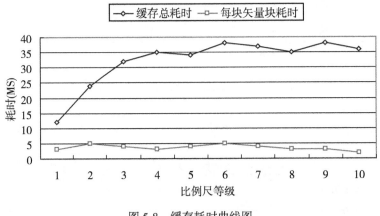

图 5-8　缓存耗时曲线图

从上述图表中我们可以得出如下结论：对于第一级比例尺下的矢量块数据，由于这级包含整个市区区界面，这就涉及面状图形方面的合成，故无论是数据量还是客户端融合都较点和线耗时。这级由于显示时比例尺最小，从而使得数据量传输较大。因此，在实际中我们要尽量避免将面状要素分配在小比例尺下显示。结合表分析，缓存的运用是建立在客户端已经访问该数据，客户端再次访问时，如果在时效范围内则可以直接从本地硬盘读取，无须通过网络重复传输，从而节省了时间。

2. 功能扩展分析

下面从 GIS 常用的矢量数据编辑、周边搜索以及数据聚合显示等方面对前面提出的思想和方法进行分析与实现。

（1）矢量数据编辑

在这里主要介绍一下矢量块数据编辑方面的问题，这里主要用基于Silverlight 的异步传输方法来实现，矢量数据编辑流程如图 5-9 所示。

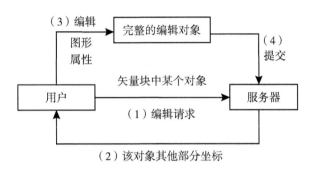

图 5-9　矢量数据编辑流程图

编辑效果如图 5-10 所示。

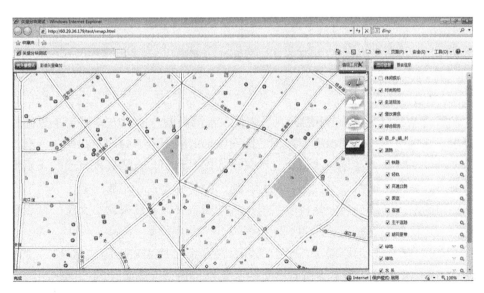

图 5-10　矢量数据编辑效果(黄色块，节点编辑)

127

（2）周边搜索

其实在地理信息应用系统中，周边搜索就是缓冲区分析的一个实际应用，传统的桌面单机 GIS 系统是通过采取空间索引的机制来提高缓冲区分析的效率，而在 WebGIS 中，这种搜索的实现主要通过用户客户端将搜索的中心点以及搜索的半径提交给服务器，服务器端的 GIS 软件通过运算再将计算的结果传递给客户端用户，而采取上述层次增量分块矢量模型后，我们可以将周边搜索功能移植到客户端前端上去计算，从而减少服务器的负担。

例如图 5-11 中，虚线为缓冲区圆的范围大小，黑色的框为各个矢量块，一般来说，在进行这方面分析时，分析范围内的矢量块已经传输到用户客户端，因此，一旦圆的大小确定，如图 5-11 中，通过计算可以获得它跨越 003、012、021、030 这四个矢量块，这样我们就可以直接针对这四个矢量块对相应的数据进行分析从而获得周边范围搜索的结果。如果判断矢量块没有传输到客户端，则可以先向服务器请求数据，然后进行分析。

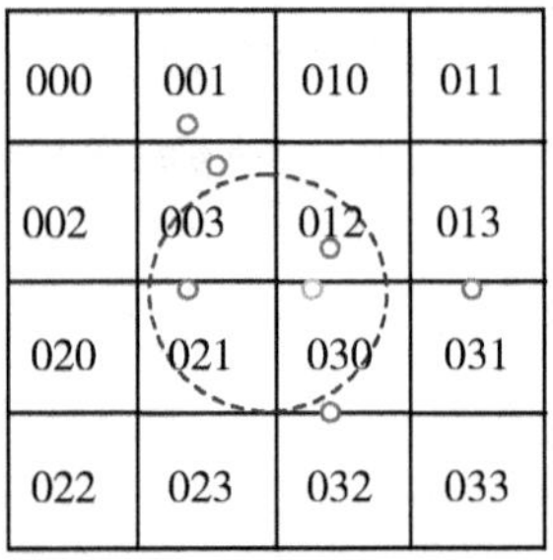

000	001	010	011
002	003	012	013
020	021	030	031
022	023	032	033

图 5-11　周边分析示意图

（3）数据聚合显示

随着 WebGIS 应用的不断深入，人们对地图的图形展示方式提出了更高的要求，这也使得我们开始思考在保证地图图形的绘制效率的同时如何更为有效地展示地图数据，在点、线、面三种矢量数据要素中，点的表现方面的矛盾尤为突出。因此，下面以点为例，在瓦片地图图片的 WebGIS 基础上，应用第四章提出的层次增量分块矢量模型，通过点的动态聚合显示来解决大量矢量点数据在一定比例尺下显示的问题。

点数据聚合显示原理是：将当前屏幕显示窗口换 M×N（例如 20×20）个网格，计算每个网格中所包含的点数据的矢量块，通过计算统计同一网格中的点的数目，并将其聚合起来，最后在地图中用符号显示每个网格中所含数据的总数即可，其原理如图 5-12 所示。

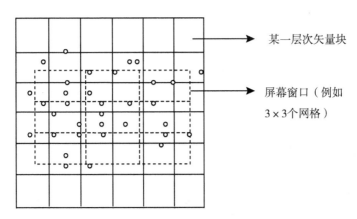

　　　　　　　　　　　　　某一层次矢量块

　　　　　　　　　　　　　屏幕窗口（例如
　　　　　　　　　　　　　3×3个网格）

图 5-12　点数据聚合显示原理图

5.5　本章小结

　　本章以天津市地图数据为实验数据，重点探讨了采用层次增量分块矢量模型进行矢量数据的网络传输。通过实验得出如下结论：

　　①层次增量分块矢量模型是建立在以空间换时间的思想上的，实验证明这种组织模型在点与线的网络传输方面能达到比较理想的效果，但由于客户端的面融合比较耗时，因此需要从算法上改进面的融合。

　　②基于矢量数据的坐标几何简化压缩算法在保证坐标精度下进行无损压缩，可以从节省近30%的文件存储空间，减少矢量数据的网络传输。

　　③对文件比较小的基于文本格式的矢量块文件，采取 GZip 编码（LZ77 编码和霍夫曼编码组合）进行网络压缩传输和充分利用服务器浏览器自带的解压机制，可以更大程度减少矢量数据的网络传输数据量。

　　④实验证明，缓存技术的运用可以减少数据的重复传输。另外，基于特征要素的异步交互式传输在矢量数据更新与维护方面，可减少不必要数据的网络传输，从而大大提高用户的体验。

第六章 结　　语

6.1　主要研究工作

　　互联网的普及将全世界人们紧紧地连接在一起，借助于互联网，人们不断地进行着各种信息数据的传输与交流，社会各个方面的发展促使了人们逐渐意识到空间信息在实际生产生活中的重要性。同时，GIS 技术的应用已经从桌面应用程序阶段向更为广泛的互联网方面发展，基于 Web 的 GIS——WebGIS 尽管已经经过二十多年发展了，在理论和应用上取得了一定的成果，但随着人们对这方面应用需求的增多，再加上网络硬件的限制，导致 WebGIS 不得不面临诸如矢量数据传输、在线编辑与更新、空间复杂运算与分析等问题。因此，考虑到矢量数据应用的广泛性，以及目前它在网络传输中效率低的问题，本书主要研究在 Internet 环境下，如何高效地传输矢量数据以满足应用的实际要求。本书的主要的研究工作归纳起来，主要包括如下几个方面：

　　①系统地分析了目前 WebGIS 实现的技术模式及体系结构，从应用方面讨论了各种 WebGIS 搭建方法的优点与不足；分析了目前 WebGIS 应用中存在诸如网络传输慢、数据更新难等问题，讨论了基于栅格数据(地图图片)实现的 WebGIS 的基本原理，借助实验，从地图图片格式、不同比例尺下图片文件大小的分布以及网络传输速度测试等方面对这种 WebGIS 技术进行了研究与分析，得出对于由基于点、线、面组成的矢量数据转为栅格地图图片时，应选择 PNG 格式，而对于影像颜色杂而丰富的则应采用 JPG 格式，并且应将每张地图图片的文件大小控制在 34K 以下，这样才能更好地使地图图片在互联网上得到流畅的传输，从而提高用户体验。同时还介绍了当前采用矢量数据渐进式传输的数据组织思想、特点以及存在的问题。

　　②网络传输问题主要涉及两个方面的因素：一是硬件方面如网络带宽、服务器性能等；另一方面则是数据量。考虑到目前互联网的网络环境基本成型，如果我们要加快矢量数据的网络传输，则需要减少传输的数据量，这就涉及数

据的压缩，因此，本书从数据压缩的基本原理和一般方法阐述了数据压缩的实质，从局部压缩思想和整体压缩思想两方面对矢量数据五种有损压缩算法进行了阐述与分析。考虑到以上压缩方法存在数据信息丢失的问题，本书从基于统计模型和基于字典模型两方面阐述了霍夫曼编码、算术编码以及基于第一类字典编码、第二类字典编码的无损压缩算法，同时结合矢量数据特点、网络传输以及数据压缩，指出要减少矢量数据的网络传输，除了要建立一种合适的矢量数据模型外，还要对矢量数据传输前进行多种组合的压缩，并给出矢量数据坐标几何压缩的方法以及将 GZip 编码(LZ77 与 Huffman 组合体)的网络压缩与传输机制应用到矢量数据的二次压缩中。

③在以空间换时间思想的启发下，结合矢量数据渐进式传输的思想和地图图片的思路，本研究提出了基于矢量数据的层次增量分块矢量模型，阐述了建立基于这种模型下矢量数据的组织形式与存储规则，同时提出了将矢量块文件看作一个整体，作为线形四叉树的节点，从而建立基于文件对象的 N 阶 Hibert 编码的线性四叉树矢量块文件存储结构。

④研究将缓存技术与网络传输方面技术应用到矢量数据网络传输中，考虑到 WebGIS 应用是建立在多学科、多种理论和方法的基础而完成的，通过缓存的存储方式、服务器端缓存和客户端缓存等方面的研究，指出将这种技术应用到基于矢量数据传输的 WebGIS 中，能减少数据的重复性传输，提高网络传输效率；结合服务器端的矢量数据组织，提出了从控制刷新量，改变传统的按层传输方式，采取基于特征要素交互式传输和基于 Web Service 的交互式异步传输等技术下的矢量数据传输策略，并阐述客户端的数据融合思想。

⑤最后，通过实验从网络传输数据量、传输时间以及客户端数据显示与编辑等方面对前面叙述的数据压缩、缓存技术运用、传输策略以及数据融合等进行验证与分析。

6.2 主要创新点

本研究的主要内容是基于矢量数据的网络传输，结合笔者的研究和实验，本研究主要创新点总结如下：

①提出了基于特征要素传输的思想改变了以往的按层传输的方式，从以空间换时间的角度出发提出了基于矢量数据网络传输的层次增量分块矢量模型，并给出了基于这种模型下服务器端数据的组织和客户端数据的融合处理。

②在矢量数据网络传输中，提出了在不影响矢量数据数据精度的前提下，

通过多种压缩编码组合进行压缩可以提高它的压缩比，给出了矢量数据坐标几何压缩和基于 GZip（LZ77 编码与霍夫曼编码组合）编码的网络压缩传输。同时，将缓存技术与异步传输技术应用到矢量数据网络传输中。

6.3　需要进一步研究的工作及展望

本研究提出的通过建立基于层次增量分块矢量模型下的服务器端矢量数据，借助于多种压缩编码组合对矢量数据进行压缩，从而进一步减少网络传输的数据量，最后在缓存技术、异步传输技术等支持下，通过基于特征要素的网络传输来完成矢量数据传输，极大地改善了用户的体验，但仍存在以下一些尚待进一步研究的问题：

①基于层次增量分块矢量模型下的各个比例尺下矢量数据的合理分配问题，目前主要借助程序按照一般电子地图的方式半自动化来完成，可能存在一定的不合理性，而且工作量大。

②层次增量分块矢量模型下，合理地选择各个比例尺下的网格大小。本研究主要从实际应用角度，基于特定的数据，沿用了栅格数据的一些分块方法，因此需要通过对各种矢量数据的分析，总结出一些分块规则，从而简化数据组织的工作。

③通过对矢量数据的分块，按照用户显示窗口的大小传输相应的矢量块数据，的确在一定程度上加快了矢量数据网络传输和客户端显示，但考虑到面状要素除了对象一致性融合外，还有图形融合，而采用面状图形融合较为耗时。因此需要进一步研究这种模型下面状要素的服务器端数据组织与客户端数据融合。

④对于服务器端、客户端缓存运用，本研究没有从算法方面对其深入的研究，但从相关文献上获知，可以通过一些算法来加快对缓存中数据的查找与调用。

⑤层次增量分块模型下，客户端地图要素注记标注规则和显示策略方面的研究。

参 考 文 献

［1］龚健雅. 地理信息系统基础［M］. 科学出版社，2001.

［2］宋关福，钟耳顺，王尔琪. WebGIS 一基于 Intemet 的地理阿信息系统［J］. 中国图象图形学报，1998(3).

［3］周强中，谈俊忠，SVG 在 WebGIS 中的运用［J］. 计算机应用研究，2003，(1)：108-121.

［4］王兴玲，基于 XML 的地理信息 Web 服务研究［D］. 北京：中科院遥感所，2002.

［5］Bertolotto，M. and Egenhofer，M. Progressive Transmission of Vector Map Data over the World Wide Web［J］. Geo-lnformatica，2001，5(4)：345-373.

［6］Bertolotto,M. and Egenhofer，M. Progressive Vector Transmission. Proceedings ［R］. 7th International Symposium on Advances in Geographic Information Systems. Kansas City，1999，MO：pp. 152-157.

［7］Buttenfield，B. E. Transmitting Vector Geospatial Data across the Imemet，Egenhofer，M. J. and Mark，D. M(eds.)Proceedings GIScience 2002. Berlin：Springer Verlag. Lecture Notes in Computer Science，2002，2478：51-64.

［8］Han，H.，Tan，V and Wh，H. Progressive Vector Data Transmission［R］. Proceedings of 6th AGILE，Lyon，France，2003.

［9］李军，周成虎. 地球空间数据集成多尺度问题基础研究［J］. 地球科学进展，2000，15(1)：48-52.

［10］王家耀，成毅. 空间数据的多尺度特征与自动综合［J］. 海洋测绘，2004，24(4)：1-3.

［11］王艳慧，陈军. GIS 中地理要素多尺度概念模型的初步研究［J］. 中国矿业大学学报，2003，32(4)：376-382.

［12］王晏民，李德仁，龚健雅. 一种多比例尺 GIS 方案及其数据模型［J］. 武汉大学学报(信息科学版)，2003，28(4)：458-462.

［13］Oosterom P Van. Reactive Data Structure for Geographoc Information Systems

[M]. Oxford：Oxford University Press，1994.

[14] Yang B，Purves R，Weibei R. Efficient Transmission of vector data over the internet [J]. International Journal of Geographical Information Science，2007，21(2)：215-237.

[15] Douglas，D. H. and Peucker，T. K. Algorithms for the Reduction of the Number of Points Required to Represent a Line or Its Caricature[J]. The Canadian Cartographer，1973，1，10(2)：112-122.

[16] 艾廷华. 多尺度空间数据库建立中的关键技术与对策[J]. 科技导报. 2004，12：4-8.

[17] 艾波. 网络地图矢量数据流媒体传输的研究[D]. 武汉：武汉大学，2005.

[18] 王玉海，崔铁军，吴天君. 基于提升型小波变换的矢量数据渐进式传输的研究[J]. 地理信息世界，2009，7(5).

[19] 马荣华. 地理空间认知与 GIS 空间数据组织研究[D]. 南京：南京大学，2002.

[20] 王宇翔. 分布式网络地理信息系统研究[D]. 北京：中科院遥感技术应用研究所，2002.

[21] Peuquet D. A hybrid structure for the storage and manipulation of very large spatial data sets[J]. Computer Graphics and Image Processing. 1983，(24)：14-27.

[22] Paul Hardy. Multi-scale database generalisation for topographic mapping[R]. Hydrography and Web-mapping. Using active object techniques. IAPRS. Vol. XXX III. Amsterdam，2000.

[23] 李小鹃. 基于特征的时空数据模型及其在土地利用动态监测信息系统中的应用[D]. 北京：中国科学院遥感应用研究所，1999.

[24] 杜海平，詹长根，李兴林. 现代地籍测量理论与实践[M]. 深圳：海天出版社，1999.

[25] 王家耀. 空间信息系统原理[M]. 北京：科学出版社，2001.

[26] 肖乐斌. 面向对象整体 GIS 数据模型的研究及其软件系统的研制[D]. 北京：中国科学院遥感应用研究所，2001.

[27] Ballard，D. Strip Trees：A Hierarchical Representation for Curves[J]. Communication of the Association for Computing Machinery，1981，14：310-321.

[28] Buttenfield，B. Line Structure in Graphic and Geographic Space. Unpub-

lished，1984.

［29］ Ph. D. Department of Geography［D］. University of Washington，Seattle.

［30］ Buttenfield，B. Scale-Dependence and Self-Similarity in Cartographic Lines ［J］. Cartographica，1989，26(1)：79-100.

［31］ Ramer，U. An Iterative Procedure for the Polygonal Approximation of Plane Curves. Computer Vision Graphics and Image Processing，1972，1：244-256.

［32］ Dodge M. 3. Reflection Essay. Algorithms for the Reduction of the Number of Points Required to Represent a Digitized Line or Its Caricature［M］//Classic in Cartography Reflections on Influential Articles from Cartographica. John Wiley & Sons，Ltd，2011.

［33］ 艾廷华，城市地图数据库综合的支撑数据模型与方法的研究［D］. 武汉：武汉测绘科技大学，2000.

［34］ 吴乐南. 数据压缩［M］. 北京：电子工业出版社，2000.

［35］ 单玉香. 矢量数据压缩模型与算法的研究［D］. 太原：太原理工大学，2004.

［36］ 王平，朱雪梅. 计算机互联网络中的数据压缩技术应用［J］. 计算机工程，2002，28(12)：153-154.

［37］ 王平，茅忠明. 中文文本的 LZSS 算法实现及研究［J］. 微电子学与计算机，2001(2)：14-17.

［38］ 林小竹，籍俊伟. 一种改进的 LZ77 压缩算法［J］. 计算机工程，2005，31(14).

［39］ 王平. 无损压缩算法的实现与研究［J］. 计算机工程，2002，28(7)：98-99.

［40］ 杨国梁，张光年. 无损 LZW 压缩算法及实现［J］. 首都师范大学学报(自然科学版)，2004(S1)：11-13.

［41］ Microsoft Terra Serve［OL］. http：//teraserver. homeadvisor. man. com/.

［42］ TerraShare-An Image Storage and Distribution Solution［OL］. http：//www. ziimag eing. com.

［43］ Jau-Yuen Chen，Charles A. Bouman，and John C. Dalton. Similarity Pyramids for Browsing and Organization of Large Image Database［C］. In Proc. SPIE/IS&I Conf. Human Vision and Electronic Imaging III，Vol. 3299，San Jose，CA，Jan. 1998.

［44］ Walid G. Aref and Hanan Samet. Efficient Window Block Retrieval in

Quadtree-Based Spatial Databases[J]. GeoInformatica, 1997, 1(1): 59-91.

[45] Richard Szeliski and Heung-Yeung Shum. Motion Estimation with Quadtree Splines[R]. Technical Report 95/1, Digital Equipment Corporation, Cambridge Research Lab, March 1995.

[46] David Cline and Parris K. Egbert. Terrain Decimation through Quadtree Morphing[J]. IEEE Transactions on Visualization and Computer Graphics, 2001, 7(1): 62-69.

[47] Hamid R. Rabiee, R. L. Kashyap, and S. R. Safavian. Multiresolution Segmentation-based Image Coding with Hierarchical Data Structures[C]. IEEE ICAMSSP'96, Atlanta, GA, May 1996.

[48] 严蔚敏, 吴伟民. 数据结构[M]. 北京: 清华大学出版社, 1992.

[49] Renato Pajarola. Large Scale Terrain Visualization Using the Restricted Quadtree Triangulation[C]. Proceedings of IEEE Visualization 1998.

[50] Hanan Samet. Applications of Spatial Data Structures: Computer Graphics, Image Proceeding, and GIS[M]. Addison Wesley, Reading, MA, 1990.

[51] Theodoros Tzouramanis, Michael Vassilakopoulos, and Yannis Manolopoulos. Multiversion Linear Quadtree for Spatio-Temporal Data[A]. Proceedings of the Database Systems for Advanced Applications Conference (DASFAA), pp. 279-292, 2000

[52] Hanan Samet. Spatial Data Structures[OL]. http://infolab.usc.edu/csci585/Spring2003/den_ar/

[53] Nickolas Faust, William Ribarsky, T. Y Jiang, and Tony Wasilewski. Real-Time Global Data Model for the Digital Earth[C]. Proceedings of International Conference on Discrete Global Grids, 2000.

[54] Cecconi, A., Galanda, M.: Adaptive zooming in Web cartography. In: SVGOpen 2002 (2002)[OL]. http://www.svgopen.org/2002/papers/cecconi_galanda__adaptive_zooming/index.html.

[55] Lehto, L., Sarjakoski, L.T.: Real-time generalization of XML-encoded spatial data for the Web and mobile devices[J]. International Journal of Geographical Information Science, 2005, 19(8): 957-973.

[56] Jones, C. B., Ware, J. M.. Map generalization in the Web age[J]. International Journal of Geographical Information Science, 2005, 19(8): 859-870.

[57] Martin Reddy, Yvan Levlerc, Lee Iverson, and Nat Bletter. TerraVisionII:

Visualzing Massiove Terrain Database in VRML［J］. IEEE Computer Graphics &Application, 1999, 3(19): 30-38.

［58］张永生. 数字摄影测量［M］. 北京：解放军出版社, 1997.

［59］Hamid R. Rabiee, R. L. Kashyap, and S. R. Safavuan. Multiresolution Segmantation-based Image Codeing with Hierachical Data Structures［C］. IEEE ICAMSSP'96, Atlanta, GA, May 1996.

［60］Jay-Yuen Chen, Charles A. Bouman, and John C. Dalton. Similarity Pyramids for Browsing and Organization of Large Image Database［C］. In Proc. SPIE&I Conf. Human Vision and Electronic Imaging III, Vol. 3299, San Jose, Ca, Jan. 1998.

［61］Jay-Yuen Chen, Charles A. Bouman, and John C. Dalton. Hierarchical Browsing and Search of Large Image Databases［J］. IEEE Transactions on Image Proceeding A Publication of the IEEE Signal Processing Society, 2000, 9 (3): 442-455.

［62］David Cline and Parris K. Egbert. Interactive Display of Very Large Textures ［A］. In IEEE Visualization, 1998: 343-350.

［63］张海勤, 欧阳为民, 蔡庆生. 聚类金字塔树：一种新的高维空间数据索引方法［J］. 中国科学技术大学学报, 2001, 31(6): 707-713.

［64］Bertolotto, M. Progressive Techniques for Efficient Vector Map Data Transmission: An Overview［G］. In: Belussi, A., Catania, B., Clementini, E., Ferrari, E. (eds.) Spatial Data on the Web: Modeling and Management, pp. 65-84. Springer, New York (2007).

［65］Dykes, J. A. Exploring spatial data representation with dynamic graphics［J］. Computers & Geosciences, 1997, 23(4), 345-370.

［66］Cook, D., Symanzik, J., Majure, J. J., Cressie, N.. Dynamic graphics in a GIS: More examples using linked software［J］. Computers & Geosciences, 1997, 23: 371-385.

［67］Andrienko, G. L., Andrienko, N. V.. Interactive maps for visual data exploration. International Journal of Geographical Information Science［J］. 1999, 13 (4): 355-374.

［68］Zhao, H., Shneiderman, B. Colour-coded pixel-based highly interactive Web mapping for georeferenced data exploration［J］. International Journal of Geographical Information Science, 2005, 19(4): 413-428.

[69] Goodchild, M. Citizens as sensors: the world of volunteered geography [J]. Geo-Journal, 2007, 69(4): 211-221.

[70] 汪国平, 等. 高速网上 3 维海量地形数据的实时交互浏览的实现[J]. 测绘学报, 2002, 31(1): 34-38.

[71] 单玉香. 矢量数据压缩模型与算法的研究[D]. 太原: 太原理工大学, 2004.

[72] Lehto, L., Sarjakoski, L. T. Real-time generalization of XML-encoded spatial data for the Web and mobile devices[J]. International Journal of Geographical Information Science, 2005, 19(8): 957-973.

[73] Jones, C. B., Ware, J. M. Map generalization in the Web age[J]. International Journal of Geographical Information Science, 2005, 19(8): 859-870.

[74] Weibel, R., Dutton, G.: Generalizing spatial data and dealing with multiple representations[G]. In: Longley, A. P., Goodchild, F. M., Maguire, J. D., Rhind, W. D. (eds.) Geographical information systems. John Wiley & Sons, Chichester (1999).

[75] Yang, C., Wong, W. D., Yang, R., Kafatos, M., Li, Q. Performance-improving techniques in web-based GIS[J]. International Journal of Geographical Information Science, 2005, 19(3): 319-342.

[76] Weibel, R., Dutton, G. Generalizing spatial data and dealing with multiple representations[G]. In: Longley, A. P., Goodchild, F. M., Maguire, J. D., Rhind, W. D. (eds.) Geographicalinformation systems. John Wiley & Sons, Chichester (1999).

[77] Campin, B.: Use of vector and raster tiles for middle-size Scalable Vector Graphics' mapping applications[R]. In: SVGOpen 2005 (2005), http://www.svgopen.org/2005/papers/VectorAndRaster Tiles For Mapping Applications/.

[78] Rigaux, P., Scholl, M., Voisard, A. Spatial Databases: With Application to GIS[M]. San Francisco: Morgan Kaufmann Publishers, 2002.

[79] Yang, B.: A multi-resolution model of vector map data for rapid transmission over the Internet[J]. Computers & Geosciences, 2005, 31(5): 569-578.

[80] Antoniou, V., Morley, J., Haklay, M. Is your Web map fit for purpose? Drawing a line under raster mapping[R]. In: AGI Geocommunity 2008 (2008), http://www.agi.org.uk/site/upload/document/Events/AG.I2008/Papers/

VyronAntoniou. pdf.

[81] 骆新，陈睿. 数据压缩实用技术［M］. 北京：学苑出版社，1993.

[82] Spatial User's Guide and Reference［R/OL］. http：//ahiti. oracle. eom/pls/
Tahiti/tahifidrilldown? levelnum = 2&toplevel = ag5337&method = FULI ~ ehap-
tem = 0&book = &wildeards = 1&preference = &expand—all = &verb =
&word =Spatial#a85337，2004-03.

[83] 陆峰，周成虎. 一种基于 Hilbert 排序码的 GIS 空间索引方法［J］. 计算机
辅助设计与图形学报，2001，13(5)：424-429.

[84] 艾廷华. 面向流媒体传输的空间数据变化累积模型［J］. 测绘学报，2009，
38(6)：514-519.

[85] Molina HG, Unman JD, Widom J. Database System lmplefnentation［M］.
Standford University Press，2000.

[86] 钱国祥、孙宏、彭振云. 数据压缩技术经典［M］. 北京：学苑出版社，
1994.

[87] Cecconi, A., Galanda, M. Adaptive zooming in Web cartography［R］. In：
SVGOpen 2002 (R/OL)，http：//www. svgopen. org/2002/papers/cecconi_
galanda_adaptive_zooming/index. html.

[88] 黄培之. 具有预测功能的曲线矢量数据方法［J］. 测绘学报，1995，24
(4)：316-319.

[89] 杨建宁，杨崇峻，明东萍，任应超，李津平. WebGIS 系统中矢量数据的
压缩与化简方法综述［J］. 计算机工程与应用，2004，32：36-38.

[90] Nirwan Ansari and Edward J Delp. On Detecting Dominant Points. Pattern
Recognition［R］. Report No. 379/Dept. of Geodetic Science and Surveying. The
Ohio State University，1987.

[91] 严华. 常用的数据压缩方法及其效果［J］. 计算机世界周刊，1994，(4)：
24-27.

[92] 李青元，刘晓东，曹代勇. WebGIS 矢量空间数据压缩方法探讨［J］. 中
国图形图象学报，2001，6(12)：1225-1229.

[93] 李琦，杨超伟，陈爱军. WebGIS 中的地理关系数据库模型研究. 中国图
象图形学报，2000，5(2)：119-123.

[94] Selvakumar S, Prabhaker P. Implementation and Comparison of Distributed
Caching Schemes［J］. Computer Communication，2001(24)：677-684.

[95] http：//hwg86. blog. 163. com/blog/static/65586910200910161432789 8/.

[96] http：//www. silverlight. net/.

[97] Antoniou V,Morley J, Haklay M. Tiled Vectors：A Methed for Vector Transmission over the Web[J]. Springer-Verlag Berlin Heidelberg. 2009, LNCS 5586：56-71.

[98] David Cline and Parris K. Egbert. Terrain Decimation through Quadtree Morphing[J]. IEEE Transactions on Visualization and Computer Graphics, 2001, 7(1)：62-69.

[99] Hamid R. Rabiee, R. L. Kashyap, and S. R. Safavian. Multiresolution Segmentation-based Image Coding with Hierarchical Data Structures[C]. IEEE ICAMSSP'96, Atlanta, GA, May 1996.

[100] Laurent Balmelli, Jelena Kovacevic, and Martin Vetterli. Solving the Coplanarity Problem of Regular Embedded Triangulations[C]. Proceedings of Vision, Modeling and Visualization, Nov. 1999.

[101] Jau-Yuen Chen, Charles A. Bouman, and John C. Dalton. Similarity Pyramids for Browsing and Organization of Large Image Database[C]. In Proc. SPIE/IS&I Conf. Human Vision and Electronic Imaging III, Vol. 3299, San Jose, CA, Jan. 1998.

[102] Renato Pajarola. Large Scale Terrain Visualization Using the Restricted Quadtree Triangulation[C]. Proceedings of IEEE Visualization, 1998.

[103] John S. Falby, Michael J. Zyda, David R. Pratt, and Randy L. Mackey. NPSNET：Hierarachical Data Structures for Real-Time Three-Dimensional Visual Simulation[J]. Computers and Graphics, 1993, 1(17)：65-69.

[104] Hanan Samet. Applications of Spatial Data Structures：Computer Graphics, Image Proceeding, and GIS[M]. Addison Wesley, Reading, MA, 1990.

[105] Walid G. Aref and Hanan Samet. Efficient Window Block Retrieval in Quadtree-Based Spatial Databases[J]. Geolnformatica, 1997, 1(1)：59-91.

[106] Sabine Timpf and Andrew U. Frank. Using Hierarchical Spatial Data Structures for Hierarchical Spatial Reasoning[C]. International Conference COS-IT'97.

[107] Theodoros Tzouramanis, Michael Vassilakopoulos, and Yannis Manolopoulos. Multiversion Linear Quadtree for Spatio-Temporal Data[A]. Proceedings of the Database Systems for Advanced Applications Conference (DASFAA), 2000, 279-292.

［108］ Richard Szeliski and Heung-Yeung Shum. Motion Estimation with Quadtree Splines［R］. Technical Report 95/1, Digital Equipment Corporation, Cambridge Research Lab, March 1995.

［109］ Hanan Samet. Spatial Data Structures［OL］. http：//infolab. usc. edu/csci585/Spring2003/den_ar/.

［110］ Gennady Agranov, Craig Gotsman. Algorithms for Rendering Realistic Terrain Image Sequences and Their Parallel Implementation［J］. The Visual Computer, 1995, 11(9)：455-464.

［111］ Nickolas Faust, William Ribarsky, T. Y Jiang, Tony Wasilewski. Real-Time Global Data Model for the Digital Earth［C］. Proceedings of International Conference on Discrete Global Grids, 2000.

［112］艾廷华，成建国. 对空间数据多尺度表达有关问题的思考[J]. 武汉大学学报，2005(5)：377-382.

［113］徐颖. 基于 B/S 和 C/S 相结合的网络架构系统对比分析[J]. 电脑知识与技术，2005(11)：28-31.

［114］ M. Robert Parry, Brendan Hannigan, William Ribarsky, Christopher D. Shaw, Nickolas Faust. Hierarchical Storage and Visualization of Real-Time 3D Data［J］. SPIE Aerosense, Vol. 4368A, 2001.